FBI机密档案

美国宇航局掩盖的真相

尼克·雷德芬

图书在版编目(CIP)数据

FBI机密档案 : 美国宇航局掩盖的真相 / (美) 雷德芬著; 李俊译. — 北京: 人民日报出版社, 2012.9

ISBN 978-7-5115-1316-8

Ⅰ. ①F… Ⅱ. ①雷… ②李… Ⅲ. ①空间探索—史料—美国 Ⅳ. ①V11

中国版本图书馆CIP数据核字(2012)第204844号

书　　名:美国宇航局掩盖的真相
作　　者:(美)尼克·雷德芬

出 版 人:董　伟
责任编辑:周海燕
封面设计:熊猫布克

出版发行:人民日报出版社
社　　址:北京金台西路2号
邮政编码:100733
发行热线:(010) 65369527　65369512　65369509　65369510
邮购热线:(010) 65369530
编辑热线:(010) 65369514
网　　址:www.peopledailypress.com
经　　销:新华书店
印　　刷:三河市鑫利来印装有限公司

开　　本:700mm×1000mm　1/16
字　　数:173000
印　　张:12.25
印　　次:2013年1月第1版　　2013年1月第1次印刷

书　　号:ISBN 978-7-5115-1316-8
定　　价:35.00元

目录 Contents

前言 美国宇航局的诞生

1957年10月4日，前苏联人造地球卫星一号发射升空并成功进入预定轨道，这一消息极大地震惊了整个西方世界。人造地球卫星一号的寿命注定非常短暂，1958年的日历才翻了四页，卫星就在自己的轨道上分解了，最终，在地球上层大气中烧成了灰烬。尽管如此，在气氛高度紧张的冷战时期，这次几乎不可能成功的发射活动，依然具有无法估量的宣传价值。

苏联已经在外层空间的第一阶段竞赛中，占据了压倒性的优势，美国因此变得非常恐慌和高度敏感。这次挫折使得美国政府、军队、中央情报局智囊团、国家安全局和联邦调查局，迅速意识到他们急需从科学、心理、国防等方面，全力追赶苏联。在当时，共产主义世界的科技发展，已经极大地超出了人们的意料。

对于苏联在太空领域取得的惊人成果，美国国会深感不安。从政府层面来说，他们必须纠正已经大幅度失衡的力量对比，为此做出快速、统一的行动。无疑，面对这种前所未有的局面，这个主张非常有说服力且合乎逻辑。苏联已

前苏联发射的人造地球卫星一号

经获得了如此重大的利益，而且在外层空间的未知领域，哪怕仅仅获得了一个微小的立足点，他们也可以将其变成重要的军事力量。美国科学界、空军和陆军中的很多人都认为，他们的这种忧虑早晚会变成现实。

德怀特·D·艾森豪威尔总统和他的参谋，敏锐地察觉到：这个古老又熟悉的世界，正在以出乎意料的方式，快速、剧烈地变化着。现在的很多事情都是当初没有预料到的。前路不明，很多挑战都是之前从未遇到过的，只能且探且行，尽力改变令人不满的现状。霸权斗争已经让当时存在于东西方大国之间的势力平衡岌岌可危。大家清楚地意识到，世界迫切需要一个全新的机构，来处理这个所有国家都应享有平等机会的全新领域——外层空间。

在1958年初的几个月里，国家航空咨询委员会（NACA），在井然有序地执行着各项计划。这些计划的目的是：确定通过何种方式，让这个由美国政府支持的新生官方组织，在特殊情况下能够周密、有效地管控包罗万象的新世界——外层空间，它是献给全人类的礼物。

在1958年4月，国家航空咨询委员会发展计划的推动，使得艾森豪威尔自豪地站在国会前，雄心勃勃地宣布建立最初的美国航空航天部门。这正是国会议员希望听到的好消息，1958年7月底便审核通过了《美国国家航空宇航法案》，并得到了总统的批准。这个新机构正式更名为美国国家航空宇航局——简称NASA，这个名字现在早已经名扬天下。正式成立后，NASA迅速展开计划，在美国太空战略中，发挥着决定性的作用。

自那时起直至今天，美国宇航局（美国国家航空宇航局的简称）已经完成了无数壮举：他们成功地在地球轨道放置了难以计数的卫星；将男、女宇航员送进太空；还将几位勇敢的宇航员，送到我们最近的邻居一月球；向土星、木星、火星、金星发送了无人行星探测器；松开了人类被束缚在地球上的绑带。

但这并不是全部，喧嚣和光圈背后的美国宇航局，有着另外一张完全不同的面目。在某些人眼里，美国宇航局就像一望无际的宇宙一样，黑暗、不透明，其中充满了被精心掩饰的故事和秘密，而这些被遮掩的高级别秘密往往都是关于：

1958年，美国总统的艾森豪威尔创立美国国家航空宇航局

- 不明飞行物
- 飞碟

- 来自遥远世界的外星生命形式
- 奇怪生物
- 外星飞船坠毁
- 与异世界来客面对面的邂逅
- 被放在低温储藏器里的外星人尸体
- 关于致命外星病毒的绝密文件
- 著名的火星脸，吸引了很多研究者的目光，他们认为这是由已经灭绝很久了的火星人在很久以前建造的
- 遭删改过的关于外星人宇宙飞船的机密照片
- 更有美国宇航局的宇航员信誓旦旦地宣称他们亲眼目睹过不明飞行物和外星人，这些证词足以震惊世界

《FBI机密档案》即将为您揭晓一个陌生、奇妙，又让人隐隐不安的世界。

第一章 外星人的影响

不知道是不是巧合，自1957年10月苏联成功发射人造卫星一号之后，UFO目击报告的数量骤然增加。持怀疑态度的人们，当然会揣测有可能引发这些事件的其它原因。许多这类报告，可能只是群众过分激动、冷战的紧张情绪、公众恐慌和焦虑，以及对俄罗斯发射成功的担忧引发的。这样的解释似乎合情合理，但是其它UFO系列事件，显然无法被这种堂而皇之的理由轻松驳回。根据《信息自由法》相关规定，我们可以通过一份1957年11月12日联邦调查局的秘密报告，找出这一事件的真相：

> 在过去的两个星期里，报告飞速增加，以下是一些值得重视的内容：一个载有六人的不明物体降落在内布拉斯加州，他们与内布拉斯加州的一位农民交谈后，迅速飞离升空；一个像火一样闪烁着光芒的物体穿过了

> 奥尔巴尼市南部、格鲁吉亚、佛罗里达州迈阿密等地上空；海岸警卫队的巡逻船看到一个巨大的物体飞越墨西哥湾；西南部有人声称，他们在开车时目击了UFO，而且引擎因此熄火，车子无法前行。
>
> 1957年 联邦调查局文件

对那些奇异的和超自然事件，FBI特工的整理工作仍在持续。似乎许多人都发现附近有外星人入侵，探员们紧急向联邦调查局局长胡佛报告事态正在不断扩大。如何更加恰当地应对越来越多的幽浮事件，让当时的美国军事部门感到十分棘手。

美国联邦调查局改制后的首任局长胡佛

> 美国空军正密切追踪这个事件，将所有信息上报给位于俄亥俄州帕特森空军基地的技术和情报中心，他们将会对这些报告进行评估和分析。联邦调查局对间谍和来自外太空的破坏问题，保持持续特别关注。如果报告中的任何事件被评估为可信的，那么空军就会立即通知联邦调查局。
>
> 1957年 联邦调查局文件

也许是种巧合，UFO目击事件大幅上升、接触外星实体等事件，都发生在前苏联发射人造地球卫星一号之后。这是无可否认的事实，但是否存在这种可能呢？另一个世界的陌生居民，也许还有其它几个世界，是否在暗中密切关注着人类第一次尝试挣脱地球的举动？难道是我们试图脱离地球的这种尚不成熟的、犹豫的步伐，引来了遥远星球的访客？

1957年的这个特别事件也许至关重要。这个时期距离人类成功开发核能已经十余年，并用原子弹摧毁了日本两座城市。与此同时，日益发展的导弹和火箭技术，为人类离开星球奠定了坚实的基础。换句话说，在人类历史上的这个时期，远方的星外来客，可能已经开始密切关注我们，并且对我们和我们的行为都深感兴趣。也有可能先进的外星文明，不只是在那个时期偷偷观察我们，而是一直在审视着整个宇宙，在无数的偶然中注意到了我们。一个不能摆脱自己星球的刚刚兴起但成长飞速的新兴文明，用螺旋桨飞机向敌对方投掷炸弹的方式已经被洲际导弹迅速取代，这种新方式可以摧毁城邦乃至整个文明。

仅仅数年后，浮出水面的真相让这些有争议的问题和猜测，变得更具争议性。20世纪60年代初，美国宇航局雄心勃勃，外层空间活动计划取得了突破性的进展。当时受雇于著名的布鲁金斯学会的唐纳德·迈克尔，负责美国宇航局研究委员会的长期研究项目，他制定了一份题为“和平空间活动对人类事务影响的研究建议”的报告，并于1961年4月18日提交给美国第87届国会众议院。立案、论证以及证明文件内容中的问题，是美国宇航局漫长而曲折的历史中最为关键的时刻。这个报告的创建、提交和论证更是重中之重。它关系到超自然和外星人的所有事情。这份报告具有重要意义：各个学术领域的超过200位专家，为此接受了详细的咨询和深层次的访谈，在外层空间的问题上各抒己见。

这是一个非常重要的特殊项目，专家们的建议、指导、假设和有关太空问题的资料，为美国宇航局工作人员提供了丰富的材料。我们之所以如此重视布鲁金斯的文件，主要原因是：它记录了对外星生命本质的见解，以及如果有一天我们探知到非常先进的外来文化，或者他们发现了我们，将对整个人类造成怎样的潜在影响。

在这一假设形成的初期和成熟期，美国宇航局都给予了深切的关注，由此得出这样的推断：很有可能人类已经与遥远太阳系以外的智慧文明，进行过某种形式的接触了。布鲁金斯报告中，很大部分都在讨论这件事。与外星人真正的亲密接触之后，不同的处理可能会引发各种潜在的棘手问题。而我们必须思考一个重要的问题：美国宇航局是否有所顾虑，即苏联1957年发射人造地球卫星一号之后，到底发生了什么事情，使得美国自己的太空任务立即受到来自UFO的威胁，并波及到国家周边地区？换句话说，这种顾虑是否会或多或少地影响美国宇航局委员会的决定，让他们如此重视布鲁金斯学会的报告？带着这些问题，让我们仔细看看这个历史性的文件的真面目——和平空间活动对人类事务影响的研究建议。

这份报告中有一个特殊章节，题为“发现外星生命的意义”，发布时引起了人们广泛的讨论和浓厚的兴趣，甚至通常对这种事嗤之以鼻和讥笑的主流媒体，都在讨论友好或敌意的外星人从遥远的世界来拜访我们的事情。它不是做白日梦的科幻迷或狂热的飞碟迷随意编写的业余报告。从它的主题、思想，乃至提出的警告来看，都不是业余水平的。它讨论的是直接或间接地与外星人互动，会刺激到外星人，以及由此引发的多种潜在后果。这是美国最顶尖的科学家借助他们的专业知识得出的结论。

大家都认为，未来的某一天人们也许会发现和我们的地球环境近似或者相反但比我们高级的生物。出乎美国一些主流媒体的意料，少数几位接受布鲁金斯学会咨询的科学家完全否定了这种可能性。从布鲁金斯学会的文件中可以清楚地看出，他们对当今科学界关于与外星人正面接触的事，还抱有很大的疑虑。经过周密的思考，专家们认定，无线电是最适合的沟通媒介。也许有一天，我们会通过电波得到回应，发现人类在宇宙中并不孤独。

在布鲁金斯的文件中还存在这样的假设，也许月球（甚至是太阳系中其它近地行星）表面那些年代古老却又超越时代的遗留物、设备、建筑物或者在月球表面留下的痕迹，可以为美国宇航局提供线索，甚至作为确凿的证据，证明其他生命形式的存在。在我们自身漫长而动荡的历史进程中，他们也许曾经近在咫尺，这个结论大大出乎我们的预料。

绝密

如果有一天，人类证实了外星生命体的存在，并且决定将结果公之于众，会引起什么样的反响呢？揭示这样的事情又有什么样的意义呢？混乱和恐惧会迅速蔓延到全世界吗？我们的社会秩序，会不会在这种恐慌与动乱中，最终走向灭亡呢？对于我们的宇宙同胞，我们会感到惊奇和困惑，他们会通过和平的方式向我们表达他们的意图吗？那些让我们赞叹的技术进步和科学奇迹，是否在其他智慧种族面前，根本不值一提呢？可能我们的文化会被隐藏在我们中间的外星智慧吞并，那我们的现代文明和我们熟悉的生活方式，是否有一天会变成被篡改的记忆、民间传说、神话故事甚至是被遗忘的传奇呢？这些问题正是布鲁金斯学会和美国宇航局所担忧的。

无论是怎样的结果，布鲁金斯学会认为：这些问题的答案由人际关系、社会文化和世界各地的宗教信仰或者类似的信念和我们选举出的领导人以及宗教当局的意识形态决定。

这些猜测的附加结果则是，当人类真的与外星人取得联系时，地球人将因此而团结在一起，共同迎接这一时刻。 换言之，外星人会生活在我们中间并在此停留，很可能会促进我们将全球范围内的人类看作是一个整体，让我们成为统一与和平的地球公民。我强烈建议我们不能再像现在这样，让那些多民族的国家爆发冲突、搞种族歧视和国家竞争。但是，在布鲁金斯学会的文件中没有考虑是否应该把这一已经确认且备受争议的消息公布，也没有考虑到何时公布，公告后会出现怎样的局面。当然，如今美国政府部门、军方、情报界，甚至美国宇航局主流渠道透露出的信息，确实令市民无法知晓外星人探访和幽浮的真相，这已经是官方的惯用伎俩了。鉴于此，也许我们可以肯定地表示，布鲁金斯的报告并不完全是虚构的。

对于这份报告中得出的结论在当时的美国媒体中引起了很大的波澜，这一点也不用觉得奇怪。最具代表性的例子就是：1960年12月15日，这一具有历史性和极具争议性的报告在《纽约时报》上占据了很大的版面，报纸的突出位置写着“美国宇航局已经接到了警告，并为在外层空间发现高级生命形式做好了准备”。《纽约时报》还如实报道了至关重要的一个问题：布鲁金斯学会的报告显示，我们如果面对的是一个比我们拥有更高智慧以及更先进技术的种族，显然会对我们不利。

引发激烈讨论的布鲁金斯学会的评论报告，是最早当然也是最有影响力和最权威的报告。美国平民UFO研究小组，即1956年由物理学家和科学幻想家托马斯·汤森·布朗成立的国家空中现象调查委员会（NICAP），在1960年12月－1961年1月该期的内部杂志《UFO调查员》中发表了题为“外太空生命的报告会非常令人震撼”的文章，回应了《纽约时报》：

> 美国宇航局发布的有关发现更先进文明的公告可能会令人们感到恐慌，一直以来国家空中现象调查委员会就反对美国空军对UFO保密的行为，此次发布的公告只会加剧民众的恐惧心理。应该把关于UFO的信息全部公开，以便大众做好准备应对一切有可能出现的状况。

美国宇航局当时可能正迫切需要这样一份报告，以便为将来有可能发生的一切作好准备。布鲁金斯学会的报告本身不是一个机密或绝密的文件，但它向美国宇航局发出了严厉的警告：(a)从理论上来说，发布有关外星人存在的公告，有可能引起政治、社会层面的巨大反响；(b)这种觉醒会颠覆很大一部分人的人生观，是导致社会解体的潜在风险；(c)值得商榷的问题是，他们是否应该对市民隐瞒发现外星生命的消息。这也可能推动美国宇航局中的高层人士或精英分子暗地完善保密计划，让那些充满好奇心的人离外星人和UFO的真相越来越远。

当然，随着世界的发展，到了20世纪60年代，美国宇航局因为高度控制有关UFO事件的真相，而陷入了各种各样的纠纷和指控。美国宇航局决心去除所有关于他们故意隐瞒大量UFO机密资料的言论，包括关于发现了先进的外星生命形式的轰动新闻。这些原因导致美国宇航局在处理布鲁金斯学会报告的问题上异常谨慎，因为这份报告可能会改变世界的认知，并因此带来破坏性的影响。

在转移到新的话题之前，我们应该向论证布鲁金斯学会文件内容做出宝贵贡献的研究员麦克·托尼致敬。

从我们自身的历史来看，那些不发达的文明往往会被发达的文明吸收同化，文化并没有被强行剥离，而是被外来的“毒菌”感染自行融入其中。美国宇航局的布鲁金斯学会报告中，介绍了被隐瞒的外星事物，而隐瞒的原因是担心公布之后可能会阻碍研究和发展，这也许是个最好的理由。我们看起来像是正在耐心地与比地球先进的外界进行互动，但是拒绝将这些信息公布于众。这也许表示我们的道德仍需规范，应该更加务实。与大众的期望不同，这些地球访客选择了循序渐进的联系方式，他们的飞行器总是戏剧性地出现在天空。

2004年 雷德芬采访迈克·托尼

托尼还说：

> 我认为这种外星智慧，对我们影响很大，他们会偶尔加速我们的物种发展，让我们处于一个周期性的发展状态，并确保我们不会毁掉自己。在某种程度上，人类的传承已经变得脚本化，以符合那些未知的外星文明的要求。上溯历史，那些神话传说或经验证据都善意地倾向于支持外星智慧的存在。也许我们正在努力为创建我们特有的文明而做着准备，所以，“其他人”在与我们打交道时也不得不平视我们。
>
> 2004 年，雷德芬采访迈克·托尼

不可否认，绝大多数勇敢踏入太空的美国宇航局宇航员，都没有肯定地讲述有关UFO或者飞碟的离奇信息。对于外星人近期可能已经秘密访问过地球的说法，美国宇航局掌握着这些震惊事件的绝密信息。其中的几个宇航员对UFO和外星人，确实作出了正面的评论。而且，鉴于这些做出评论者的盛名，他们的评论显得更加重要和权威。

第二章 从『水星计划』到『双子星计划』

我们在此介绍一位美国宇航局中绝对的英雄——戈登·库珀，他是所谓的“水星宇航员”之一。美国宇航局关于“水星计划”的描述：

> 从1958年10月7日开始执行的国家载人航天工程，就是后来的“水星计划”，从官方批准之日开始算起，到宇航员戈登·库珀完成34小时的轨道飞行任务，共持续了四年零八个月。
>
> 《水星计划概述》，美国宇航局官方网站

戈登·库珀详细讲述了自己遭遇UFO的经历，并非常肯定地表示，来自太阳系以外的智慧生命，就在我们中间。更值得注意的是，这些有关UFO的争议言论，已经传至联合国一些重要人物耳中。1951年，在美国空军驻西德基地的库珀开始沉迷在不明飞行物的神秘世界中，因为那段日子他目击了一系

美国宇航局水星计划宇航员戈登·库珀

列奇特的碟状不明飞行物。“它确实存在！”库珀说，当他和其他几个飞行员，驾驶F-86飞机在西德巡逻时，他们很快就注意到一个看起来非常巨大、飞得很高的环形飞行器——根本没有机翼、尾部、螺旋桨，甚至没有飞机引擎，他们的速度惊人，机动性更是让人难以置信。库珀和他的伙伴得出一个共同的结论：他们被一种未知的技术制造出来，是来自其它星球的真正的飞碟。

更令人吃惊的是，在接下来的72小时，至少有数以百计的不明飞行物出现在西德上空。论速度，它们比最优秀的飞行员驾驶的美国空军最先进的飞机还要快得多。库珀很快确信这些飞碟不是俄罗斯、英国，甚至本国政府和军队的杰作，唯一的答案就是：它们来自非常遥远的外太空。

直接出现在我们眼前的外星太空船很可能对国家安全产生影响，由此引发的国防问题不可避免。出于防御方面的考虑，库珀和他的飞行员同事们认为，最明智的行动就是尽快向他们的直属上级报告。他们近距离接触到了不可思议的生物、大量飞船，以及让人惊叹的UFO航天技术，更令人担忧的是欧洲上空的军事设施对它们起不到任何威慑作用。

上级领导们并没有把库珀和他的战友们的话当回事，蛮横地把那些报告撇到一边，当即傲慢地命令他们解散，认定这是他们看错了。那些训练有素的职业飞行员亲眼目睹的不明飞行物，居然被空军高级军官认定为被风吹到高空中来自地面某种植物的果荚。但我感到十分地诧异，如果这些技能娴熟、配合默契的美国空军精英飞行员们，完全不能分辨是无害的、来自地面的果荚，还是属于未来科技的飞碟，那么有过类似经历的空勤人员是否应立即停飞，去接受复杂的心理和生理方面的测评呢？

不过，他们并没有这么做。相反，这些空勤人员得到了一个简单的命令：忘掉你见过的一切，或者说忘掉你以为自己见到的一切，并继续让他们在德国西部的天空定期巡逻，将注意力转移到实际的东西上，比如俄罗斯的军事活动。空军高层中的一些人不愿意花精力去注意任何超自然现象，他们宁愿选择不去处理，即使那些不明物体在未来一段时期内都不会离开。

当时是1957年，这件事情在那段时间已经发展到白热化阶段，注定要面对UFO的库珀几年之后成为了美国宇航局“水星计划”的主要参与者。也正因为如此，二十岁出头的库珀就已升至上尉军衔，并接受了一个新任务：在加州的爱德华兹空军基地，创建战斗机飞行试验工程部。

在1957年5月第一周的早晨，库珀的两个同事詹姆斯·比蒂克和杰克·杰提斯，来到位于干涸湖床上的爱德华兹空军基地，任务是用军用飞机拍摄高品质的照片。换句话说，对这两位空军飞行员而言，这只不过是平淡无奇、例行公事的普通一天。或者说，至少这一天的开始的确如此，不过，过不了多久，就不再是平淡无奇了。

在执行早晨的任务时，没有什么事情会比遇到像电影《地球停转之日》里渐入视野的飞碟，更能让他们感到惊讶与震惊的了。它徘徊在清晨的天空，很像未来样式的直升机，之后小心翼翼地降落在距离他们只有大约150英尺的炎热沙漠表面。在它回到天空最后消失一切变得万籁俱寂之前，他们只能僵直地站在那里满怀敬畏地凝视。幸好比蒂克和杰提斯是经验丰富的摄影师，他们在最短的时间内恢复镇定，用照相机和摄影机记录下了眼前令他们难以置信的一幕。他们手里拿着这些可能价值连城的图片和录像，向库珀简单介绍了发生的事情之后，库珀当即给美国国防部打了电话，报告在清晨执行例行任务时发生的惊人意外。不出所料，一位将军接过电话，并严厉告诫他把所有相关材料和证据立刻发送到五角大楼。

库珀清楚地知道，质疑一位将军的命令是非常不明智的。他能做的，就是准确无误地执行这个命令。然而，库珀指出了一个非常重要的问题：

> …… 由于没有被告知在资料提交之前，不可以看底片。所以，当他们从实验室回来时，我已经这么做了。我对自己看到的东西感到非常惊讶。这些影像的效果很好，所有的东西都很清楚，就像摄影大师的作品。正如摄影师的报告中写到的一样，这些物体是密闭的，典型的飞碟，它的

> 表面十分光滑，带有银色金属光泽。
>
> 库珀，《天降神迹》

关于这段影像的内容，不是每个人都认同库珀、比蒂克和杰提斯的看法。爱德华兹空军基地信息服务办公室的罗伯特·思朋斯少校就是其中之一。当这一事件被外界知晓时，思朋斯解释道：实际上，比蒂克和杰提斯看到的不是什么造访者，不过是那天清晨由附近气象单位的工作人员放出的气球罢了。事情的关键在于，美国空军在任何情况下都不愿意听到任何关于UFO和外星人的讨论。思朋斯还添加了一个清晰、有力的注释：

> 空军指出，那些所谓不寻常的或神秘的事件，都是毫无根据且不可信的。
>
> 罗伯特·思朋斯，爱德华兹空军基地

据库珀透露，那天清晨拍摄的珍贵影片，以及他的两个同事看到真正飞碟的报告，在半个多世纪的时间里从未公开，被当局雪藏至今。是UFO还是气球，这个问题尚无定论。库珀卷入飞行和飞碟事件，似乎已经有很长时间了。其实这只不过是个开始。

机密

埃里克·盖里先生在1967年至1979年期间，担任格林纳达岛总理。1977年，在他卸任的两年前，他开始积极游说联合国成立一个新的办公室，专门“整理、协调和证实”有关UFO和外星人的信息。

1977年10月，盖里在联合国发布了一份声明，声明的主题跟UFO相关：

> 我相信，这些东西是存在的。我想我们现在需要知道的是这些飞碟的种类、起源和意图。有些人认为他们是善意的，一些人则认为他们想要主宰人类。
>
> 盖里在联合国发布的声明

盖里还列举了几个例子：一些飞机在对飞碟进行攻击后由于无法继续执行任务，只能报废，虽然它们并没有遭到破坏。在UFO事件中，盖里出于私人的看法，欣慰地声称：

> 他们的积极行为证实了我的想法。我相信他们会来帮助人类，因为人类已经在自我毁灭了。
>
> 盖里在联合国发布的声明

美国宇航局宇航员戈登·库珀注意到了盖里在联合国的发声，给大使格里菲斯写了一封表示鼓励和支持的信。库珀的写作文风和他的性格一样直率，这封信写得简明扼要，一字不差地记录在了国务院的文件中。他在信中强调，盖里建议组建的这个组织要有过硬的实力、足够的权限，人员配置问题上绝不能马虎，只有这样才能肩负起科学地研究UFO的使命，将人类对UFO的认识提升到另一个高度。

就外星人自身的条件而言，库珀坚信他们确实曾经拜访过我们的星球，他曾向联合国表示：

> 我们是否有资格成为宇宙团队中的一员？在被完全认可之前，我们必须先让他们知道，我们已经学会了用和平的方式来解决问题，而不是战争。这种认可将给我们这个世界的所有领域带来巨大的发展。如果联合国尽快合理地处理这个问题，那么人类会因此获得无限的利益。
>
> 1978年 戈登·库珀的美国国务院文件

尽管库珀十分努力，但埃里克·盖里先生关于建立X档案的不凡理想，从来没有真正意义上的实现过。库珀离自己的设想还很遥远，但是他依然坚信超自然的UFO就在我们中间，不仅已经存在了数十年或更长的时间，而且一直都在试图警告人类。1980年，库珀提出了一些值得注意的关于UFO争议的公开声明。那一年所有的杂志都在质疑他1951年的遭遇，但他在空军及后来在美国宇航局的地位和经验，在一定程度上增强了这件事情的真实性：

> 作为空军和宇航局中的一员，我很清楚目前我们拥有的技术和能力，因此我敢肯定，这些UFO肯定不是来自地球上的任何一个地方。
>
> 《戈登·库珀谈苏联的太空统治地位》，Omni杂志

在接下来的1985年，当UFO再一次出现在美国国家议事日程上时，库珀说了这样一番话，这些言辞被国务院如实记录了下来：

> 我相信这些外星的飞船和船员，正从拥有更先进技术的星球出发，来拜访我们的星球。
>
> 戈登·库珀的美国国务院文件

还是那样，尽管事情空前重大，却没有受到重视。只有美国宇航局一些退休人员和部分美国精英对此表示了认同：一些UFO可能就是外星人的太空船。但联合国仍然没有采取任何有意义或有价值的行动。暗藏在国际政治中更强大、更不透明的力量在监管联合国开展不明飞行物的研究。当时一些研究UFO的公共团体，对联合国将这些重要证据视而不见的行为，感到非常失望。然而，那些支持宇航局的人认为，联合国之所以不设立官方机构调查UFO、外星人和飞碟，是因为已经有充分的证据表明，这些事情完全没有研究价值。

与此同时，库珀在1951年德国西部上空遇到飞碟的经历，让他一直坚信

自己是正确的。他一有机会就会重提1957年5月在爱德华兹空军基地自己拍摄到的飞碟被上缴事件，从未放弃。库珀于2004年10月去世，享年77岁。一直到生命的最后，他都坚信UFO的存在，而且认定他们绝非来自临近的星球。

秘密

在美国宇航局原“水星计划”的七名宇航员中，戈登·库珀不是唯一报告过遭遇UFO的人：

唐纳德·斯雷顿也曾说自己有过类似的遭遇。斯雷顿说，在1951年的一次飞行中，他第一次近距离接触（后来表明，也是唯一的一次）所谓的来自另一个星系最深处的、高智能的飞船。

他这样描述了这段情节：

> ……我刚刚在密西西比河上空大约一万英尺的位置兜了一圈……当我正要回霍尔曼机场时，突然看到前方一点钟方向，有一个白色物体……我一开始觉得这个东西像风筝，但这不符合逻辑——风筝不可能飞到这个高度。因此，我开始观察它，想弄明白它到底是什么……我尽可能地靠近，它看起来像一个气象气球，我想这也许就是个气球吧。然后我从它上空1000英尺的地方飞过去，它看上去仍然像一个直径3英尺的气象气球。
>
> 斯雷顿自传《迪克》

对于这件事，他最开始以为自己看到的只是一个小气象气球，并不是什么奇怪的东西，所以，斯雷顿选择了保持沉默。就这样，直到几天后，他不经意间对上司提起了这件事，他的上司迅速、果断地命令他花点心思，给他们做一个简报。他将那一天的见闻正式上报，空军长官告诉他，在他看见不明飞行物的那天，确实有公司在那一地区放飞过高海拔研究气球。但是，执行任务的气球队，也看见了神秘飞行物“来自地狱般地”在空中盘旋。

斯雷顿是个有条不紊、细心且善于思考的人，他不愿对这件事妄加揣测，他的结论是：

> 我想说的是：我不知道它是什么，它身份不明…… 对我而言，这始终是一个悬而未决的问题。
>
> 斯雷顿自传《迪克》

这种话更没人当回事了，很多事件刚露端倪，就会被媒体大肆渲染，UFO事件却截然相反，从未被大规模报道过。其实，很多有资质的观察员都曾报告说在天空中看到了小型不明来源的飞行器，与宇航员斯雷顿看见的非常相似。

例如，联邦调查局1952年有关飞碟的文件显示：1852年3月，一位美国海军中尉指挥官在伊利诺斯州芝加哥附近的天空中，看到了一个直径大约4英尺的飞碟。与之相呼应的是，联邦局的文件中也显示有其他人在相同月份的芝加哥上空看到了小型UFO 。在这个特殊案例中，联邦调查局指出，目击者形容它“直径大约6英尺，是由金属制成的圆形光盘，发出白色和蓝色的光芒”。

斯雷顿自传《迪克》

我相信一些由其它世界的生命驾驶和控制的UFO的确存在。我们见到的之所以是一些精巧的小型智能远程飞行器，是因为让一艘满员的大型载人航天飞船进行侦查，也许太过冒险。“水星计划”宇航员斯雷顿1951年见到的小型UFO就是最有力的佐证。当然，这只是个人拙见，但还是有一定道理的，它可以在一定程度上解释这种小型UFO经常出现的原因。

绝密

继"水星计划"之后，美国宇航局又制定了"双子星载人太空计划"。这个计划注定与外形人、飞碟脱不了干系。美国宇航局发布"双子星计划"时说：

> 1961年12月7日，美国宇航局宣布研制双人飞船，旨在扩展现有的载人航天飞行计划。这个项目在1962年1月3日，被正式命名为"双子星计划"。
>
> 《双子星计划概述》美国宇航局官方网站

"双子星计划"与飞碟联系在一起源自一份报告中记录的离奇情节。这份报告是康顿委员会编写的，它其实是由物理学家爱德华·康顿指导的1966年至1968年间科罗拉多大学的一个非正式课题报告。这份报告被认为是美国宇航局"双子星计划"与神秘UFO之间存在联系的主要证据。仔细查看康顿委员会官方文件的后面部分，有三个关于美国宇航局和UFO的事件，委员会相信，这几个事件一直没有解决。委员会对这些特殊事件做了如下记录：

> "双子星4号"宇航员麦克迪维特，观察到在比"双子星"航天飞机更高的轨道上出现了一个移动的亮光。"双子星7号"宇航员鲍曼看到编队飞行的航天器，让他误以为是"敌机"来袭。
>
> "双子星4号"发现有突起的圆柱形物体。宇航员麦克迪维特描述说，在1965年6月4日中部标准时间三点，看到有圆柱型臂状物伸出，我推断这可能是一个有天线的航天器。关于这个发现，在1967年10月3号，我与宇航员麦克迪维特曾有过一次谈话。麦克迪维特看到一个有延长触角的圆柱形物体…… 无法估计它的距离，但是它有棱角分明的延长部分，看起来不只是一个"点"那么简单。
>
> 华盛顿怀疑论者协会《科学研究》

我们可能永远不会知道麦克迪维特看到的是一个真正的UFO，还是像后来一些人认为的泰坦二号火箭第二阶段的助推器。除此之外，对于这件真相不明的重要事件，还有一种阴谋解释。这件事在1965年9月2日曾被联邦调查局归入秘密档案，并接受严格审查。有明显迹象表明，美国宇航局内部有权调用大量UFO资料的人，在“双子星4号”任务上做过手脚。此外，联邦调查局还指出，有人曾在没有得到任何官方许可或美国宇航局授权的情况下，意图转发这些资料。

根据目前可供查询的联邦调查局记录，信息提供者的名字已经完全从官方记录中删除，但信息提供者已告知在宾夕法尼亚州匹兹堡联邦调查局办公室的特工，有两人——其中一个根据联邦调查局的描述是匹兹堡大学的研究生——“与美国宇航局的一名员工（名字已经被联邦调查局查出）关系很好，并称这名员工从美国宇航局获得这些关于UFO的资料后，通过邮件传送给他们。这份信息提供者相信，这些信息应该都是机密。”

“双子星4号”发射升空

联邦调查局在记录这件事时用的语调耐人寻味：

> 该消息提供者透露了众多内容，比如，一开始看到的是导弹分离的画面，接着发现屏幕上出现了UFO的身影；在“双子星4号”起飞之前，说要等着有趣的事情发生，因为飞船上载有用来监测UFO的设备。
>
> 1965年 联邦调查局文件

美国宇航局员工所透露的消息相当震撼，因为这些消息的性质和内容都十分敏感，在联邦调查局档案馆中仍能找到相关记载：

> [美国宇航局的消息提供者]把信放进邮筒，还在信封封口处黏上一根头发，收件人可以通过这种方法来确定信是否被打开过。这位信息透漏者坦言，他不相信这些信息已经被送到任何外国势力的手中。
>
> 1965年 联邦调查局文件

在联邦调查局解密这些档案之前，这些令人惊叹的文档内容，引起了一系列的争论：

- **到底谁是美国宇航局的告密者？**
- **他从哪里获取这些被认定为机密级别的UFO信息？**
- **美国宇航局的"告密者"事件，对"双子星4号"装载监视UFO活动设备的计划造成了什么影响？**

无论"双子星4号"与UFO故事的真相是什么，这些令人好奇的外泄信息，让我们对美国联邦调查局产生了怀疑，因为我们从未听说UFO事件和美国宇航局"双子星计划"的后续情况，目前也看不到任何进展的痕迹。

第三章 凯克斯伯克事件

1965年12月9日傍晚，先是有人看到高空中出现的一个发光火球划过美国的几个州以及加拿大的部分地区，紧接着一个不明物体，也许就是一艘来自遥远世界的宇宙飞船，坠落在深邃、阴暗的森林，那片森林位于宾夕法尼亚小镇凯克斯伯格，位于匹兹堡东南方向大约30英里。

在这件必定会引起热烈讨论的事件发生后不久，上不了台面的剧目轮番上演。军事部门果断介入，证人全部保持沉默，UFO不时现身，外星人尸体在丛林中被发现，大量星际阴谋论横行，直至今日仍然如此。幸好，还没有报告指出有人恐吓目击者禁止他们讲述当天发生的异事。但是，有关这一事件研究人员得出的结论，美国宇航局仍然不予公布；在宾夕法尼亚州森林，那天到底发生了什么仍然不得而知。

斯坦·戈登是一位勇敢的调查员，同时也是神秘事件领域的专业作家。他做了很多努力，试图解开凯克斯伯格事件中各种繁杂的问题。在调查过程中，他公布了比尔·布莱布什的一段描述。1965年的某个下午，比尔·布莱布什正在调车里的民用波段电台时，抬头看到燃烧的物体，从诺韦尔向劳雷尔维尔附近的山脉移动。戈登是这样记述的：“布莱布什说，那个物体似乎在劳雷尔维尔地区的上空迟疑了一下，然后转了个弯，并开始向东北的凯克斯伯格方向驶去，他看到它在那里降低了飞行高度…… 这说明，该物体在降落到距离凯克斯伯格只有几英里路程的树林之前，已经缓慢下降。”这是非常重要的证词：如果降落到凯克斯伯格的不明物体，曾在半空中缓慢下降，很明显它不可能是一块陨石。比尔·布莱布什的描述说明这个物体是受到了某种形式的智能控制。

在一个关系相对密切的小地方，凯克斯伯格事件很快成为地方重大新闻，这倒也很正常。事件发生的那个晚上，当地一家广播电台在9点播发了一段消息，说凯克斯伯格周围秩序混乱。许多听众敏锐地察觉到，附近的区域发生了一些奇怪的事情。

广播员一改平时的沉稳语调，激动地说在天空中出现了不明来源的橙色闪光，俄亥俄州、印第安纳州、密歇根州、宾夕法尼亚州、加拿大安大略省一线，有许多人联系军事部门和突发事件处理机构，向他们报告发现了神秘的入侵者。空军飞行中队在采取初步措施时小心谨慎，试图解开谜题，但是至少在可见的公开证据中，无法证明引发骚乱的罪魁祸首是飞机或者导弹。

该广播电台和联邦航空管理局给出了看似合理的解释，说不明物体有两种可能：一是在地球大气层中燃烧的流星；二是美国或俄罗斯空间飞行器烧焦的遗骸坠落地球时，被人们偶然看到。当电台播发消息称：“官方表示会在半小时内发布正式声明。民众在格林斯伯格地区观察到罕见现象，他们正在着手进行调查。目前已经与奥克代尔飞弹防空指挥部取得联系，他们说会在发布会中公布准确的消息。据透露，这也许只是某部队发射的导弹偏离了轨道。”不出所料，驻扎在此的导弹基地工作人员，并没有在第一时间表态。

不用说，凯克斯伯格附近的居民围绕这件事展开的议论和猜测满天飞。降落到他们小镇附近的东西与《星球大战》里的飞船毫无二致，各种谣传从这里蔓延开来。当地消防员、媒体记者、电台的广播新闻主管，都在第一时间赶到了现场。据他们描述，大批军队驻扎在了城郊和周边的森林。肯定发生了什么不寻常的事，也许真的跟外星人有关。

还有人说，他们想去看看树林里到底发生了什么，刚一靠近便有大批持械军警上前阻止。另有一些人言之凿凿地表示，他们看到了一个非常大的装置，看起来像金属制成的，这个东西后来被军方转移了。由此可见，军方一定在此进行着某项秘密行动。第二天，当地报纸在头版位置发布了一条轰动性的新闻——UFO坠落凯克斯伯格附近，军队封锁该区。

与这些毫无根据的猜测相比，美国空军负责UFO调查行动的蓝皮书计划更具体实在一些。蓝皮书的发言人表示：当天根本没有美国太空垃圾要坠入大气层的报告，该事件不可能是由它引起的。来自其他世界的飞船坠毁或着陆的解释，堪称奇思妙想，只能用“荒诞”二字来概括，事实上中也未发现任何证据。另外，蓝皮书还指出：就算那天早上苏联确实发生了一次失败的太空发射——“宇宙96”，并且进入了加拿大上空的大气层，根据其特殊的轨道推断也不可能与远在美国宾夕法尼亚州的凯克斯伯格事件有什么联系。

蓝皮书计划办公室同时对当地媒体强调，撞击地点附近已有官方代表入住，是由空军雷达基地指派的三人小组。他们的主要工作是向大众澄清事实，搜寻可能与坠落事件相关的证据。最后对外公布的消息还是什么也没有找到。空军给出的意见是：引发大家激烈讨论的只是一颗很常见的陨石而已。

然而，目击者证实并非如此。斯坦·戈登透露，有人曾在1990年联系他，向他提供了大量与凯克斯伯格事件有关的离奇信息。此人当时隶属俄亥俄州哥伦布附近的洛克布尔内空军基地保安队。他告诉戈登，1965年12月10日凌晨，将凯克斯伯格不明物体从宾夕法尼亚州附近的撞击地点秘密转移前，一队人奉命戒备，专门看守这个安放在飞机库中的设备，基地的安保甚至比几年前约翰·肯尼迪总统访问时更加严密。那个人还透露，不明物体在洛克布尔内仅仅存放了几个小时。之后，它被秘密转移到了俄亥俄州代顿市附近的帕特森空军基地。那里恰恰是空军外来技术处（FTD）的所在地。

机密

空军外来技术处是研究“非美国产”运输工具、设备的理想之地，这些设备运到那后，军队中最优秀的科学家会对它们进行深入仔细地研究。这个被秘密送往帕特森空军基地的物体，可能不只是一个技术来源不明的飞行器：一些人说是外星人的尸体，甚至可能是活着的外星人。在一些有影响力的网站上，可以检索到这些信息。

唐·塞巴斯蒂安也许道出了这件事的关键所在。他住在约翰斯敦，到凯克斯伯格拜访朋友时听到了电台播报这段新闻。塞巴斯蒂安和朋友途径坠机地点时，听到了一阵令人毛骨悚然的尖叫声在阴暗的森林回荡。他们还特别强调，活了这么久从未听到过类似的声音。塞巴斯蒂安想都没想，果断逃离了那个鬼地方。

秘密

斯坦·戈登早就知道有传言说，凯克斯伯格事件现场发现外星生物。另外一位证人是帕特森空军基地的工作人员，戈登喜欢叫他麦伦。麦伦说自己亲眼看见“那个房间的工作台上摆放着一具尸体…… 他大约有4到5英尺高，80磅左右，看起来像只蜥蜴”。

绝密

有关1965年凯克斯伯格到底有没有发生神秘事件的争论，已经持续了半个多世纪。这一事件被媒体大肆宣扬，由于一直没有解决，所以负面谣传不断。2003年，Sci-Fi频道（现名为SyFy）决定去探寻50年前的真相，解开谜团。Sci-Fi频道的行动展开不久，凯克斯伯格事件就把美国宇航局拖入了泥淖。

科幻频道行动迅速，很快发表了一个消息：苏联卫星“宇宙96”的确在同一天进入地球大气层，但凯克斯伯格事件是否与之相关尚不清楚。一些UFO研究者和目击者称，这个坠落物的外观类似于坚果，这为卫星坠落的说法提供了依据。然而，美国军队在凯克斯伯格附近的树林里秘密搜索俄罗斯卫星的说法，存在一个非常严重的漏洞：在凯克斯伯格事件发生前的数小时里，“宇宙96”已经在加拿大领域坠毁。2003年的一次采访中，美国宇航局约翰逊航天中心轨道碎片研究领域的首席科学家尼古拉斯·约翰逊直率地说：“我可以肯定地说，但在下午4:45这个时间，不可能有任何‘宇宙96’的碎片会降落在宾夕法尼亚州。对于这一点我非常确定。轨道力学是非常严谨的。”

“宇宙96”引发凯克斯伯格事件的可能性被排除，Sci-Fi频道再接再厉，敦促美国宇航局发布了一些与事件有关的官方文件，虽然只是一些残破的旧档案，但在推动信息公开方面的象征意义却不容小觑。2003年11月，美国宇航局公布了至少36页凯克斯伯格事件的原始资料。遗憾的是，庆祝真相大白还为时尚早，对于1965年12月9日下午到底发生了什么，公布的文件中并没有提供任何有意义的信息。2006年夏天，美国宇航局又公布了一份搜索行动报告，但依然无法从中找到任何实质性的信息。

机密

在这个时候，事情发展到了不寻常的新阶段。2007年3月27日，美国联邦法官艾米特克·沙利文受理了一起控告美国宇航局的民事诉讼，起诉方是莱斯利·基恩——信息自由联合调查中心的负责人，一直以来像猎犬一样在追踪调查凯克斯伯格事件。这次起诉只是想通过自己的努力，敦促美国宇航局公开掌握的有关凯克斯伯格事件的文件和档案，让大众了解真相。美国宇航局与UFO民间调查机构针对凯克斯伯格事件展开的最终战役，在此时拉开了帷幕。

无数页让人头昏脑胀的法律辞令自不必提，这起诉讼中的要点如下：

- ▶ **美国宇航局关于凯克斯伯格事件档案（确切地说，美国宇航局称没有档案）的陈述前后矛盾。**
- ▶ **美国宇航局搜索1965年12月9日事件档案资料的处理方式不尽如人意，这令基恩十分担忧。**

► **美国宇航局似乎一直在阻挠人们揭开凯克斯伯格事件的真相，许多研究者因此对该国家机构心生怀疑。**

专注UFO研究的民间团体还有很长的路要走，他们必须鼓足勇气继续与美国宇航局抗争。凯克斯伯格事件看似会是一个永远没有结局的故事。2009年11月，莱斯利·基恩又对此事发表了自己的看法。她将注意力转移到美国宇航局凯克斯伯格事件的遗失档案上，说美国宇航局可能有意或无意地毁灭了那些文件和档案。基恩说那些超自然的怪事一直摆在自己的面前，“如果没人去努力探究，我们永远也找不到答案，就算我们付出了努力，也可能会一无所获。”

秘密

直至今日凯克斯伯格事件仍无进展，真相依然模糊不清，一些人认为事件背后隐藏着极大的阴谋，坠毁的不明飞行物、外星飞行员尸体就是证据。也有人认为，造成这种局面的元凶只是官僚机构遮遮掩掩的一贯作风外加一颗陨石而已。基恩说，与美国宇航局的正面交锋已经告一段落，虽无结果，但她依然坚信坠毁凯克斯伯格的东西既不是前苏联“宇宙96”卫星，也不是俄罗斯的其它什么设备。同时，她也不认可那是美国秘密太空舱之类的解释。

凯克斯伯格的UFO模型

对于一些人来说，凯克斯伯格事件没什么大不了，只不过是一点空间碎片进入地球大气层。但是，对于斯坦·戈登或者莱斯利·基恩这样的人来说，凯克斯伯格事件的象征意义大于实际意义，这是一个强有力的证据证明美国宇航局确实在外空生命的问题上有所隐瞒。外星人是否到过地球？是否在这里坠毁？有没有外星人的尸体？这些问题美国宇航局都没有给出确切的答案。不管这件事的真相是否会大白于天下，但是在可预见的未来，我们还看不到尘埃落定的迹象。

约翰·波德斯塔，1997年莫伊尼汉政府保密委员会（主要职能是保护和缩减政府机密）委员、前克林顿总统办公室主任，就1965年12月的凯克斯伯格事件发表了自己的看法，他对莱斯利·基恩勇敢尝试从美国宇航局获得真相的行为予以了肯定。

> 是时候查出事情的真相了。我们应该这么做，因为这么做是正确的；我们应该这么做，因为美国人民完全可以面对事实真相；我们应该这么做，因为法律赋予了我们这么做的权利。
>
> 前克林顿总统办公室主任 约翰·波德斯塔

第四章 阿波罗：幻想之旅？

1962年9月12日，已故总统约翰·肯尼迪在德克萨斯州休斯敦莱斯大学莱斯体育馆就登月工程发表了演讲。这可以说是为1969年7月美国宇航局阿波罗11号登月做的铺垫。这次登月事件牵动了全体美国人的神经，有人坚信不疑，有人强烈怀疑。这场在世界人民面前进行的大胆表演，即将真相大白。在揭穿他们的把戏之前，我要先强调，肯尼迪那段著名的演讲是整个事件不可或缺的一部分。这两件事的历史关系也是大家争论的重点。

阿波罗任务徽章

1962年的那一天，肯尼迪面对在场的听众慷慨激昂地表示：

> 不论我们参加与否，太空的探索都会继续。无论是什么时候，这都是伟大的探险之一，而且任何希望成为他国之首的国家都不会希望自己在太空竞赛中滞后。我们之所以在这片新的海洋里起航，是因为有新的知识等我们汲取，有新的权利等我们赢取。而这些知识、权利都必会为我们所得，并用于全人类的发展之上……
>
> 我们选择在这个十年内登月，并要完成其它的事情，并不是因为这些事情容易办到，反而是因为它是艰难的，因为这个目标的实现将有利于组织和调动我们最优秀的力量和技术，因为这个挑战是我们甘愿接受的挑战，是我们渴望面对的挑战，是我们一定要取得胜利的挑战……

这位已故元首令人难忘的激昂言辞，鼓舞了全体美国公民，这正合了宇航局的心意。但是，美国宇航局真的赢得了登月这一“比赛”的胜利吗？还是说整个阿波罗计划其实是一个至今都没有被揭穿的巨大阴谋？

绝密

1969年7月20日下午4点17分，美国总统理查德·尼克松在白宫椭圆形办公室神情紧张地注视着这历史性的时刻。虽然月球是地球最近的邻居，我们却从未涉足，今天人类终于迈出了第一步。就在四天前，阿波罗11号从佛罗里达梅里特岛肯尼迪航天中心发射升空，宇航员阿姆斯特朗、巴兹·奥尔德林和迈克尔·科林斯代表项目团队的精英们最终圆满完成了这次历时近十年的艰巨任务。直至今日，我们都会为此心潮澎湃，难以相信这个只可能在小说中完成的梦想已经实现。

在阿波罗登月的43年前，电子科技界的天才德福雷斯特博士声称，把宇航员送到月球上的设想非常愚蠢可笑，顶多是凡尔纳幻想小说里的一个概念，“永远不可能发生”。随着历史的发展，那位天才博士斩钉截铁的断言不攻自破。在二十世纪六十年代的电视剧《星际迷航》（这一电视剧把探索外太空这一边缘题材推向大众）中，扮演伦纳德·麦克伊博士的已故演员德福雷斯特·凯利给就给自己取了个德福雷斯特博士的绰号，借此讽刺那位博士妄下断言的不智之举。

机密

1969年7月之后，美国又相继完成了五次载人登月任务。宇航员在月球表面行走的壮举，让整个世界为之欢呼了很多年。毫无疑问，即便是四十年后的今天，阿波罗登月仍然是人类历史上最值得纪念的里程碑，同时也是约翰·肯尼迪时期最经典的不朽传奇。

播放美国国歌的音响留在月球

阿波罗载人登月任务的真相到底如何呢？美国宇航局想要借此向我们传达什么呢？除了一些敢于直言且对宇航局抱有强烈不满的反对者以及亲自登上了月球的那些宇航员，并不是所有人都会认真思考这些问题。当然，怀疑的声音少不了，很大一部分美国民众猜测，阿波罗登月计划其实只是一个低级无耻的把戏，目的是让苏维埃政府坚信美国的技术远超俄罗斯—— 即便集合你们最优秀的科学家也做不到我们做过的事。

追溯这段争端史，最早是1957年10月4日苏联发射了人造卫星1号，一举超越了美国。不仅如此，更让美国感到担忧的是，苏联还完成了人类的首次太空之旅。尤里·阿列克谢耶维奇·加加林在1961年4月12日完成了国家赋予他的传奇使命。阴谋论者认为，苏联在太空事业上的两次重大成功，使得美国痛下决心，在登月竞技中必须取胜。就算不择手段，美国宇航局也要打赢宇宙大战中这场决定性的战役。如果美国宇航局没办法光明正大地赢，那么就可以考虑采取非常手段：只要能让世界相信他们赢了，就算依靠被人不齿的骗术也在所不惜。

这些备受争议的论断，究竟是部分激进的阴谋论者发现自己被人欺瞒，在窥视到门背后一丝隐秘的光线后，就开始妄加揣测、胡言乱语，还是基于某种层面上的事实，得出的惊人结论呢？

秘密

1969年，美国知名记者、小说家诺曼·梅勒在关于第一次登月的报道中写到：

> 这件事离我们太过遥远，一切又那么不真实。如果说它不是一出戏，谁又能提供确凿的证据？如果说这是一场世纪大阴谋，那就精彩了，可以把它看成文艺复兴时期邪恶、背叛、金钱、欲望、虚构、欺诈、世故等人类恶俗特质的产物。我们分开来说，先假定这件事是个大阴谋，那就一

定是诡计和骗术合唱的精彩大戏；假定人类真的登上了月球，无疑是科技进步的结果。不用说，能构想出这样一个惊天大阴谋的绝对是个天才。当今，阴谋能让无耻又自信的人变得更强大，大众反而觉得这些人信息更丰富，他们的结论更可靠。如此一来，这些人反倒成了证明我们确曾登上过月球的重要一环。

梅勒《月球上的火光》

并不是每个人都赞同这种说法。美国宇航局的专家詹姆斯·奥伯格根据现有证据明确地指出："阿波罗11号登月事件造假的传言，虽然在美国广泛流传，毕竟不是主流论调。不过，世界上还有很多人对此持怀疑态度。"奥伯格还披露了古巴教育体系中，有一门教授登月知识的课程，如此不严谨的东西居然被写进教程，至今仍然保留，实在令人不解。

另外，1999年的盖洛普民意调查显示，有6%的美国人不相信美国宇航局和宇航员们对阿波罗登月任务的描述，至少不是完全相信。乍一看，6%并不多，如果换算出具体数字——一千八百万人呢！这个群体足够庞大了吧！

绝密

到底是什么引发了当今社会对这件事的质疑呢？为什么有人会觉得，在这40多年里，美国宇航局策划了一个大阴谋，甚至水门事件、伊朗威胁和大规模杀伤性武器与之相比都只是小菜一碟？这些问题的答案可以从一本私人发售的小书中找到答案，这本书就是已故的比尔·凯辛在1974年创作的《我们从来没有去过月球：美国三百亿美元的骗局》。虽未公开发售，却在媒体界、民间引起了轩然大波，当然也引起了美国宇航局的高度关注。

凯辛坚称，1969年前后，美国宇航局的技术水平根本不可能完成登月任务，返回地球的难度比登月还大，更是不可能完成的任务了。抛开技术因素不考虑，登月拍摄的照片和影像完整清晰，宇航员健康状况良好，这些也不合理。人类去往一个凶险未知的世界，一切竟然丝毫未损，这一点实在站不住脚。

凯辛在1974年首次发表自己对登月的看法后，赢得了许多阴谋论者的拥护，还有人据此做出了更详尽的分析。以下是最受大众瞩目的几个关键问题：

- **为什么阿波罗宇航员在月球上拍摄的大部分照片上没有星星？**
- **宇航员在改变历史的那天，插入月球的美国旗帜看上去像在迎风飘扬，这怎么可能？**

月球表面没有大气，旗帜飘扬绝无可能。仅这一点，足以让凯辛断定那段影像根本不是在月球上拍摄的。能让旗帜迎风飘扬的环境，也就是拍摄那段视频的地点显而易见，非地球莫属。

可惜，凯辛随后的言论越来越耸人听闻，越来越疯狂。比如：1967年1月21日的“阿波罗1号”起火，宇航员维吉尔·格瑞森、爱德华·怀特和罗杰·查菲在事故中遇难，以及1986年1月28日“挑战者号”宇宙飞船解体坠毁，凯辛宣称美国宇航局是这两起惨剧的幕后黑手。

他虽言之凿凿，却未掌握任何切实的证据，只是凭借自己在登月问题上积攒的信心，便妄下结论。他认为，“阿波罗1号”和“挑战者号”的宇航员们可能偶然发现了美国宇航局见不得人的秘密，且掌握了确凿证据，美国宇航局不得不设法让他们永远闭嘴，即便搭上那些苦心培养的精英们的性命和造价昂贵的航天飞机也在所不惜。

机密

美国宇航局为了掩盖秘密，毫不犹豫地杀掉了“阿波罗一号”的宇航员，这段言论的煽动性可想而知。为了证明自己说的并不是白日梦话，凯辛花心思收集了不少证据。最值得注意的是：“阿波罗一号”失火后，北美航空（建造“阿波罗”飞船太空舱的公司）负责质量监控和安全检查的托马斯·罗纳多·巴伦向国会委员会提交了一份美国宇航局涉嫌安全违规的报告，希望当局进一步调查失火原因。然而，巴伦的报告不但没有使事件真相大白，反倒给他和他整个家庭带来了致命的灾祸。

一个由考特尼·布鲁克斯、詹姆斯·格里姆伍德和劳埃德·斯文森组成的作家团队，针对这件不寻常的事件做过如下描述：

> 巴伦是肯尼迪时期一位普通的监察员，1965年9月开始在这个岗位任职，直到1966年12月获批休假。在这期间，他一直暗中观察、搜集同事之间流传的各种小道消息，并记录在案。
>
> 布鲁克斯《阿波罗战车》

巴伦选择从两个方向着手：首先，他相信同事们关于美国宇航局违反安全条例的议论绝不是无中生有，因此自己的调查是有必要的；第二，巴伦认为，应该将消息透露给一些覆盖全国的媒体，并让他们了解到这个事情的严重性。这样一来，事情的发展就只可能导致一种结果，那就是：他把消息透露给新闻界之后，马上被公司炒了鱿鱼。

布鲁克斯、格里姆伍德和斯文森这一组作家继续讲述：

> 当时，北美航空选择性地承认了一小部分事实，这也只是为了反驳巴伦控诉的一种小伎俩。好在之后部分公司管理层在国会审理之前，证实巴伦的控诉至少有一半是有根有据的。
>
> 悲剧发生的那段时间，巴伦又为原先500页的报告增加了55页新的内容。
>
> 布鲁克斯《阿波罗战车》

1967年4月21日，巴伦终于有机会向国会委员会报告他对美国宇航局安全问题的看法和担忧，然而一切都是徒劳。一周之后，巴伦驾车载着妻子和继女与一辆高速列车相撞，三人当场死亡。官方对这场事故给出的结论是：坐在驾驶位的巴伦主动开车撞向列车，妻子和继女因他的自私和疯狂无辜惨死，最后案件定性为自杀。真相如何且不必说，在凯辛看来，这正是宇航局掩盖登月阴谋的间接证据。虽然一切尚无定论，但是凯辛认为，美国宇航局在技术和安全保障方面的缺失，正是判断登月任务真实与否的关键所在。

绝密

凯辛挑起的论战一直持续着，他后来还向法院提起了诉讼。1997年，他状告美国宇航员吉姆·洛菲尔诽谤，因为洛菲尔在1996年说过这样的话：

> 这个人就是个疯子。他的立场实在让我恼火。我们不惜时间，我们花了大量金钱，我们承担了巨大的风险，这是我们国家每个人都应该骄傲的事。

1999年，法院驳回了凯辛对洛菲尔的起诉。

凯辛在2005年4月21日去世前始终坚信：阿波罗登月事件是一个彻头彻尾的骗局。

秘密

1978年上映的《摩羯星一号》又给已经白热化的争论添了一把干柴。这是一部科幻题材的惊悚电影，其中有这样一段情节：詹姆斯·布鲁林、山姆·沃特森和辛普森扮演“摩羯星一号”飞船的宇航员正在等待火箭起飞，准备完成人类首次火星登陆任务。宇航局早已发现飞船的救生系统有问题，只是三位宇航员并不知情，也就是说，火箭一升空，三个人绝对是有去无回。在这部电影里，宇航局在德克萨斯一个废弃的军事基地找了个旧飞机库，伪造了登录火星的场景，录制影像时造了一架假的“摩羯星一号”。很多人怀疑电影中的情节是在影射登月任务，一时引起了轩然大波。

机密

美国宇航局伪造登月事件的说法，大多脱胎于比尔·凯辛“经过调查”得出的结论。那么，他或他的团队是如何进行调查论证的呢？答案很简单：他们根本就没进行过什么像样的调查。

先说阿波罗宇航员脚印的问题。从美国宇航局向公众提供的相关照片中，

奥尔德林向美国国旗敬礼。照片中国旗飘扬，脚印清晰可见

可以清楚地看到他们在月球表面行走、跳跃、迈步留下的脚印。对此，一些阴谋论者认为，由于月球表面没有水，脚印的轮廓不应该这么清晰。美国宇航局回应说，月球表面的土壤就像湿润的沙子，是黏在一起的。结论是：脚印没有问题。若再继续争辩，宇航局肯定会说：是我们登的月，我们说的就是事实，你们这群阴谋论者。

第二个比较大的争议点是星星。准确地说，是照片上没有星星，它们本该出现，却没有出现。对登月持怀疑态度的人认为，美国宇航局没有能力精确地推定出月球上每个星星的具体位置，所以他们选择了一个更简单的方式解决这个问题：不让任何恒星或行星出现在相关图像里。美国宇航局对此作出的解释是：在没有大气层的环境下拍照和摄影时，强烈的太阳光线，加上相机的日光模式，看不见天上的星星是正常的。这种说法当然不能让阴谋论者们信服。

作为登月是伪造的证据，那面飘扬的旗帜似乎更有利。当“阿波罗11号”宇航员把旗帜插在月球表面上时，旗子是飘动的——这不可能在真空环境下发生。这段录像是让凯辛等人热血沸腾的重要把柄。但是，旗帜只是瞬间轻微抖动，而且是在宇航员手里的时候。之后再没动过，这一幕发生在真空状态下的月球表面也是说得通的。

大部分阴谋论者在这些细节问题上可算是费尽了心思，却忽略了最关键的一点，那就是有将近50万人为阿波罗计划服务。正如美国宇航局所指出的，如果这次事件是伪造的，想统一近50万人的口径，没有一个人对外透露任何消息，这是不可能的。水门事件、反伊朗事件和大规模毁灭性武器事件等，不是都没有保密多久就败露了吗。这些事件涉及的人数远远低于阿波罗登月工程。宇航局要想买通数十万人，让他们集体保持沉默一定比登月成功还要难。就算工作人员中不是人人都知道内幕，只有其中的2%知道阿波罗登月事件是伪造的，这也有近一万人呢。美国宇航局如何说服这一万人不透露半点消息呢？我觉得，这才是他们真正做不到的！

陈列在宾夕法尼亚州费城弗兰克博物馆的月球岩石样本

按照这个思路继续分析，不管比尔·凯辛这些相信阿波罗登月造假的阴谋论者怎么说，这些论调都只是在小众范围内被接受，终归是上不了台面的。在现有的记录中，尚无人能提供完整且经得起推敲的确凿证据或理论依据证明阿波罗登月是造假的。

绝密

登月造假的证据不足，阿波罗宇航员成功登月倒是有不少实物可以证明。虽然阴谋论者能从宇航员的证词、拍摄的照片和影像资料中，想方设法找到所谓的漏洞，质疑登月任务的真实性，但是，月球岩石样本是看得见摸得着的实物，这些正是证明人类真的去过月球并成功返回的关键证据。

德克萨斯约翰逊航天中心的大卫·麦凯博士介绍说，月球岩石和地球上的岩石存在本质上的区别。他还说，阿波罗宇航员带回来的这些岩石样本取自很小的陨坑。在月球上，这些受流星冲撞而成的小型陨坑随处可见。

当然，这些信息还不足以说服那些对登月持深度怀疑的人。他们继续辩称人类不可能完全脱离地球，谁知道宇航员是不是在某个好莱坞摄影棚里登的月呢？下面要提到的这个证据应该能打消这些阴谋论者的疑虑。

秘密

2009年7月17日，美国宇航局公开了月球勘测轨道飞行器拍摄的月球表面的照片。这些照片清晰地展示了几十年前阿波罗登月舱的着陆点。不过，一些认定“我们从来没有去过月球”的人，还是没有因此信服。他们认为月球勘测轨道飞行器是美国宇航局发射的，因此这也可能是骗局的一部分，那些照片的造假手段只不过更高超一些罢了。

机密

克林顿回忆录《我的生活》

经过仔细研究，总体来说证据确实对美国宇航局有利，大呼“骗局”的人还是只停留在大呼小叫的阶段。对于让世界人民相信“人类确实成功登上了月球”这件事，美国宇航局似乎也没什么兴趣。前任美国总统克林顿在2004年出版的自传《我的生活》中，提到：

> ……“阿波罗11号”宇航员巴兹·奥尔德林和阿姆斯特朗完成了月球行走，实现了肯尼迪总统把人送上月球的目标。一位老木匠问我是否相信这个事件，我说当然相信，我坐在电视前看了现场直播。他不同意我的说法，说自己一点都不信，那些电视人可以把没发生的事做得像真的一样。那时，我觉得他是个很奇怪的人。在华盛顿的八年时间里，电视里播放的内容，让我开始怀疑：真的是他跟时代脱节了吗？

正如这位连任两届的总统所说，美国宇航局主导的登月计划，仍然会受到上百万人的质疑。

绝密

关于阿波罗登月计划，还有一个秘密被隐藏了数十年，这个秘密是可以佐证登月是属实的。尽管事后证明，阿姆斯特朗、奥尔德林和科斯林的这趟旅程是历史性的伟大成就，但是美国宇航局和白宫都清楚，这一史无前例的探索任务是极度危险的，极有可能以悲剧收场。登上月球表面的阿姆斯特朗和奥尔德林很有可能被留在那里无法返回，这样的话他们只能客死异星。科林斯作为机组指令长没有踏上月球，可能不得不抛弃自己的伙伴和战友，一个人返回地球。当时，尼克松总统秘密起草了一份简短的发言稿，如果发生最坏的情况，届时也要向全世界说明。1969年7月18日，尼克松总统的助手比尔·赛菲尔向白宫人事主管巴伯·霍尔德曼递送了一份演讲稿，题目是《登月失败》，内容如下：

命运已经注定了这些心怀和平到月球探险的人将永远留在月球上安息。这些勇敢的人，尼尔·阿姆斯特朗和埃德温·奥尔德林，他们知道回家无望，但他们同样知道自己的牺牲将会给人类带来希望。他们献出了宝贵的生命，只为了实现人类最高尚的目标：追求真理与理解。不只是他们的家人，整个国家乃至全世界会深切地悼念他们。勇于派出她的两个孩子到未知世界的地球母亲也会哀悼他们。他们的探险，鼓舞世界人民团结一心；他们的牺牲，使人类间的兄弟亲情更加紧密。古时候，人们仰望星空，在星座中找寻他们的英雄。如今，我们同样如此，只是我们的英雄是血肉之躯。还会有其他人追随他们的脚步，并找到回家的路。人类的探求并不会就此终结。这些牺牲者是第一批，永远在人们的心中排在第一位。从此，每一个在夜晚抬头凝望月亮的人，都知道那个世界的一个角落是永远属于人类的。”

白宫《登月失败》

值得庆幸的是，这篇发言稿没有机会宣读，被归档为秘密文件束之高阁达数十年。

阿姆斯特朗在月球上工作

第五章 连线51区

接下来，我们来讲讲约翰这个人物。他出生于明尼苏达州的布鲁明顿，1948年到1959年间在纽约警察局工作，主要负责处理美国宇航局有关UFO和外星人的机密资料。在他提供的秘密材料中，也能找到美国宇航局与这些机密之间存在关系的蛛丝马迹。他还表示，UFO研究项目早已在内华达州51区展开。

2005年下半年我第一次与约翰会面，那时他刚读完我写的《沙漠中的异型基地》。1947年夏天新墨西哥州罗斯威尔UFO坠毁事件轰动一时，我在这本书中进行了比较深入的分析和研究。以这个事件为主题的书、报纸、杂志、文章到处都是，都围绕着外星人展开，而我这本书把重点放在了与之相关的机密事件上，比如用日本战俘和残障人士做的高空气球实验。约翰说他在七十年代早期与美国情报委员会有过接触，工作期间掌握的资料与我书中的记述相当吻合。不过他对说出这些事还是有顾虑的，因为如果他的话被记录下来并传了出去，可能会失去瓦肯胡特保安公司给他的退休金。2006年，约翰考虑再

51区后门，仅有禁区警告标识

三，同意进行非公开访问，讲述了很多自己跌宕起伏的经历。

约翰说，从1957年下半年到1958年初，他和其他几位同事，参与了一个FBI组织的卧底行动，目的是找到并逮捕混进美国纽约一家国防公司的苏联间谍。公司怀疑有人向苏联泄密，但尚未掌握明确证据。警察之所以参与，是因为泄密事件还可能牵扯到了黑帮洗钱（这一点也没有确凿证据）。

约翰说，在这次行动中逮捕了多个涉嫌黑帮洗钱的苏联人，还有两个美国人。他在这次任务中算是主力干将，因此在离开纽约警察局之后，于1959年年末到1970年10月期间，他还参与了联邦调查局的一些工作。当我问及他在FBI的工作性质时，他表示拒绝回答，只透露了与苏联感兴趣的机密档案相关，主要是军队和国防方面的情报。

1970年7月，以前的同事问约翰有没有意向到瓦肯胡特保安公司任职，同事说这家公司的报酬丰厚，如果想去他可以引荐。瓦肯胡特保安公司于1954年成立，至今运营良好，2002年之后，瓦肯胡特已纳入丹麦国际保安集团麾下，主要为私人和政府机构提供安全服务。早在1964年，瓦肯胡特就为美国宇航局位于佛罗里达州的肯尼迪航天中心提供安保服务。约翰从1970年12月开始为瓦肯胡特工作。1971年2月，有人问他是否有兴趣为美国内华达州秘密情报机构的某个部门效力。对方承诺高薪，但合同只签一年，工作中会与情报密切接触。总的来说，这对他的职业生涯是有好处的。约翰先征求了瓦肯胡特公司老板的意见，老板不仅同意而且十分支持。经过了几番考量，他最终决定接受这份工作。

并不是约翰同意了就可以去上班，在那之前，他还要接受严格的背景审查。光是面对面的约谈就有六次之多：与美国宇航局安保人员会面两次，国家安全局的一次，联邦调查局以前的资深同事一次，还有两次对方不肯告知来历。显然，面试结果还不错。1971年4月，约翰开始到内华达州工作，只是那时候他还不知道自己所在的位置就是著名的51区。

约翰透露，能得到这个职位，没有家室也是其中一个原因。他每个月要在那个秘密基地呆27天，中途不能外出，然后回拉斯维加斯市区3或4天——这要看那个月是30天还是31天。对已婚或者有子女的人来说，是很难接受这种条件的。约翰坦承，回到拉斯维加斯后，经常光顾高价妓女。这些事情雇用方是知道的，但这跟工作能力无关，所以也没人在意。而且在51区，没有家属被视为对安保有利的因素。正如约翰所说：

> 即使我对妓女说一些外星人和UFO的事，谁又会相信呢？虽然我并没有这么做。
>
> 2006年 雷德芬采访约翰

约翰每次都是和3个同事搭乘一架塞斯纳小飞机进出51区，这三个人已经在一起工作一年了。飞机上的窗户都有窗帘，从拉斯维加斯起飞到降落必须一直拉着。不仅如此，到51区后，所有人必须带上一种特制的护目镜，这种镜是约翰和同事们之前从未见过的。

护目镜的镜片是裂片式的，而不是那种双焦点眼镜，顶端非常厚，因此看什么都是一片模糊，只能通过每个小断面底部看见一点东西。因此，戴上这种眼镜的人除了眼下的地面和鞋子什么也看不到。无疑，这是基地为了保密而故意为之。此后，他们一行会被带上一个窗户全部关闭的大巴，几分钟之后到达工作地点，这时他们被要求再次戴上那个护目镜。

他们工作的地方不大，大约60平方英尺，是混凝土结构的建筑。门口的安保措施非常严格。进入这个光秃秃的水泥房，才被允许摘下护目镜。映入眼帘的只有两个东西，一个是电梯的入口，另一个是向下的楼梯。约翰说，他们有时候会坐电梯上行，有时候会走楼梯到地下二层。他一直不知道地下一层是干什么的。每次他从拉斯维加斯休整三四天回到基地后，都会到大楼第二层接受两次严格的安全检查。经过两道安检之后，他要通过一对厚重的巨型金属门，后面是一条180英尺左右的走廊，走廊上左右各有3个门。他的办公室是右边第二个，门上有锁，是一般房屋前门会装的那种标准锁。

来到新办公室后，宇航局的三位工作人员分别向他做了简单介绍。约翰隶属历史部门，这个地方（他说，那时候这里还不叫51区。几年后这个名字名声大噪，他才知道自己在著名的51区工作过）将参与样机、高端飞机、生化武器的研究和制造，非美国的武器和“其他一些东西”也归他们负责。

约翰后来得知，所谓“其他一些东西”是指“二十世纪四十年代发生的事情”。没过多久，他们就被分配了具体任务，主要是负责一些历史文件，偶尔也要做一些相关的琐事。约翰说，只有在以下三种特定情况下，才可以查阅这些资料。

1. 科研人员在日常工作中需要调用部分相关文件。

2. 如有必要，在向新员工介绍基本情况时可以申请调用。

3. 安全人员每隔一段时间会随机抽查，确保文件没有遗失，未遭篡改。

约翰说，这些珍贵的文档被带出他的办公室是绝对禁止的。就算是给新人的简介，也要在美国宇航局四人小组的监视下，在他的办公室内完成。如果有人要查阅这些文件，只能用铅笔摘抄。笔记必须写在一种非常大的亮橙色纸上，在此之前，约翰从未见过这种纸。他推测，如果有人试图将这些笔记偷偷带出基地，由于纸的颜色和大小都很奇怪，安保人员很容易发现。

约翰的一位同事负责保管样机制造的历史文件，另一个负责外来武器装备研发，还有一个负责生化武器。约翰负责保管与UFO相关的历史文件。他说，前两个星期主要是基地工作人员对他们进行培训，任务强度很大。由于他们是这些材料的保管人，所以允许他们不受限制地阅读所有文件。如果有人来他的办公室调阅，他必须迅速拿出指定的文件，因此一定要对自己负责的文档十分熟悉。

约翰负责的文件涵盖了1943年到1968年期间所有与UFO相关的档案。他说，自己之前毕竟是为政府工作的，也知道一些情况，比如：美国空军曾经借助蓝皮书计划调查过UFO事件，该计划于1969年终止。只是，自己办公室里的这些文件要比蓝皮书计划涉及的东西更深入、更惊险，这些UFO调查资料是美国的最高机密。约翰多次强调，他在51区没有见过任何UFO、外星人或外星人的尸体，看到的只是20世纪40年代以来的大量相关文件。尽管如此，约翰还是相信UFO或外星人确实曾在这个基地坠落。之所以相信，是因为总有人来他办公室调阅这些档案，不然的话，唯一的解释就是他们是在编织一个无比庞大的骗局，借此考验他的忠诚度。他说，这种想法不止一次地出现在他脑海中。

在基地工作的这段时间，约翰潜心研究这些秘密档案。1947年，美国情报委员会秘密组建了一个极其隐秘的集团，这个集团从1960年开始，在外太空事物方面与美国宇航局紧密合作。20世纪60年代末期（约翰不确定是1968年还是1969年）该集团从根本上改组，分割成多个主体，美国宇航局、中央情报局在其中扮演了重要角色。除了各自的文件和投入，其它工作、资料、档案都移交至中心部门。约翰描述的这个集团就是我们所知的51区。在51区，美国宇航局、中情局、国安局和空军都在其中占有重要位置，只是这里的工作与他们的日常工作大相径庭。

约翰说，这个新成立的集团还像以前一样，情报人员继续向这里投递情报，人员调整也不大。只是所有档案都要从情报部门以及美国宇航局移送至51区汇总，进一步分析整理，统一保管。宇航局、情报领域或军队的相关人员也被要求统一调至51区工作。

约翰认为，之所以到目前为止都没人找到切实证据证明宇航局做过一些见不得光的东西，比如，他们已与UFO取得高级别接触，是因为这些记录已于二十世纪六十年代末从美国宇航局的信息库中移除，《信息公开法》也拿它无能为力。

一些非常有影响力和权力的人高度联合起来守护机密，这远远超越了他们正常的职权范围，其目的就是向公众、媒体甚至一些当选的政府官员（可能包括美国总统办公室）隐瞒飞碟的秘密。约翰说，这可能是把文件和档案集中放在一个位置的部分原因：他们采取很多有争议性的且高度机密的行动来隐瞒有外星人的事实，可以说，这比UFO和外星人更骇人听闻。约翰解释，如果这些文件是分散在众多机构中，至少其中一些官员会有很大的机会将其泄露出来。他透露，有些不守规矩的人，可能没有遵守命令放回他们的文件，结果发现安全库中丢失了一些文件；其他文件，假设是应该要销毁的，但最后实际上并没有被销毁。这其中最骇人听闻的就是，那些明确地看到过这些材料的人，要么早已消失，再也没出现过，要么被发现离奇死亡。

约翰回忆说他读过的文件都有一个奇怪的相似点：每份材料都没有封面。他解释说所有文件都是装订好的，在装订的位置有小片的撕裂的纸，很明显那些封面已经被不小心撕掉了。后来，被加上一个新的封面——一张用铅笔写着标题的白纸，被回形针固定在第二页上。

约翰被告知这些副本来自20世纪50年代末期与20世纪60年代初秘密调查飞碟的一个主要人物的办公室。这个人的一些材料是从其他的美国情报机构和军事机构的数据库被盗之后获得的。然后他将其保存在安全位置，归为自己的档案，并为文件系统命名。这名男子也因为个人的不明原因，销毁了所有记录时间为20世纪40年代中期的文件。

这些文件从来没被复制备份过，所以到现在最大的可能性是永远地丢失了。约翰暗指这个人很有可能是著名的詹姆斯·耶稣·安格尔顿，他在1954年被中央情报局局长艾伦·杜勒斯任命为中央情报局反谍处处长。

秘密

约翰回忆说，最早的文档毫无疑问是最令人不安的。这份文档可以追溯到1944年，是当时在新墨西哥州神秘的洛斯·阿拉莫斯实验室工作的一个医疗人员寄来的一封非常长的投诉二战时的战略情报局（OSS，中央情报局的前身）的信，当时他们的团队被要求进行测试和试验，对象是一组被秘密带来的看起来很奇怪的人。在信中，医生向一位军官抱怨他所在团队的工作性质，并且极为关注为什么这些人看起来这么奇怪。

约翰说他清楚地记得曾读到，在1943年的某个时间，有17位外观非常奇怪的人被带到洛斯·阿拉莫斯。他们看上去都很相像：身高约5英尺，没有头发、大脑袋、大眼睛。他们被经过伪装的军队车辆带到基地，全身赤裸，走路的方式很僵硬、很愚蠢。他强调，那些人的眼睛除了尺寸大小，其他的都是正常的，换言之，他们不是高大、体黑、具有催眠能力的外星人，而只是像我们现在普遍认为的典型的身材矮小的外星人。这群人或者说是生物被带到洛斯·阿拉莫斯的一个安全位置，并且受到整整四个月的各种医疗测试，包括提取血液样本，抽取皮肤样本，甚至被用来做一些具有争议性的科学新领域的测试— 放射性测试和细菌战争测试。

那个医生用可怕的方式形容他见到的一切：那些人从没有说过话，只是发出奇怪的声音，近似于处在封闭空间的狗发出的叫声，又有点像打嗝，声音很大并且极为焦虑。在执行任何测试之前，他们不得不受制于军事人员，他们的食物是各种水果捣碎凝固后的混合物，有时候是土豆泥，只喝水和牛奶。据那个医生说，军方告诉他，这些人只是从精神病院和医院被秘密带来用于军事秘密实验的畸形人罢了。

作为一个医疗人员，医生写道，他认为这个解释非常可疑。在他看来，这17个人被这种非常奇怪的方式折磨着，世界医学界根本不知道这件事的可能性很小。医生在他的信中阐述了关于洛斯·阿拉莫斯的谣言，没有人——甚至是带他们去洛斯·阿拉莫斯的军队——知道他们是哪里人或者来自哪里，他们在亚利桑那沙漠附近的地方被发现。在1943年年底之前，这17人一个一个地死去，他们的尸体被小心地转移，以便军方在他们死后，逐个进行尸体解剖。没有人能够与这17个人进行任何交流。医生痛苦地抱怨，他和他的团队在心理和精神上都受到军队的恐吓，他们被告知不可以在洛斯·阿拉莫斯研究所以外的任何地方，讨论这些奇怪的事情。

约翰说，关于这些长相奇特的人的其他文件，在他刚入职时就被告知，由带这些异形人进来的人给销毁了。异常古怪的是，他还被告知，这些残忍的试验除了这封信之外，没有任何其他记录存在。另外，这17具生物或人的尸体，到现在也无人知晓。整个卷宗信息看上去也像是几十年前被当时参加和执行这个项目的人给破坏了。但是，1943年在亚利桑那沙漠发现的身着某种服装的生物——虽然是口口相传和回忆的——跟据说已被美国军方重新收回的1947年夏天在新墨西哥拉兹威市发现的外形奇怪的死尸有着直接的联系。

绝密

约翰之所以有机会深层次了解这些事情，是因为处理了一份题为《尸体解剖—来历不明的尸体47》的大型文档。文档中记录了如何处理1947年夏天在新墨西哥州沙漠中找到的样子很奇怪的八具尸体（在验尸报告中没有提到飞船或其它运载工具）。

这些“人”大体上与1943年被带往洛斯·阿拉莫斯的“人”一样。文档上并没有作者的名字，然而，约翰怀疑，作者的名字或许在丢失了的原始标题页上。他还指出，一个美国宇航局的小徽章出现在每一页中，一定具有某些意义。事实是，这是作为内部引用的文件，甚至在美国宇航局成立之前，文档可能就已经存在了。上文提到的徽章，约翰推测，也许是美国宇航局设法获取文档的副本用来进行审查和评价时加上的。

约翰还回顾，这份文件声明：八具尸体中有四个，几乎完整地保存了下来；对其中两个进行了尸体解剖，然后他们的遗体就被彻底处理掉了；还有两个被解剖后，他们的身体部位和器官，被仔细地记录并单独保存起来。约翰说，文档提到一系列关于这些“人”、他们的尸体解剖和他们的器官的彩色或黑白照片的信息。然而，在他自己保管的文件中，从未看到过任何照片。

其中的几具尸体受到了极其严重的损坏，可能是发生了某种严重的事故，其余的尸体则保存得相对完好。报告非常详细，涵盖了主要的身体器官：大脑、眼睛、耳朵、皮肤（文件中描述着，其皮肤略显病态，是白灰色的），以及手指、脚趾，血液分析，四肢和牙齿。

机密

有趣的是，还有另外一个带有手写标题《尸体解剖——来历不明的尸体47，生物学问题和死亡》的绝密文件。据说，这些尸体中的一个，含有一种未知的病毒，感染和杀死了整个研究尸体的医疗队。所有的医务人员都事先穿上了防护服，但这些显然毫无用处。非常奇怪的是，其他的尸体上，却没有这种未知的杀人病菌的任何迹象。

秘密

约翰说，一个标题为《未来服装研究48》的报告，引起了他极大的兴趣。这是一个很长的报告，主要内容是研究1945年从新墨西哥州带回来的尸体上所发现的服装。这些衣服都是一样的，从脖子一直连接到脚底，由黄色的单层材料制成。为了将衣服从这些生物的身上脱下来，工作人员花费了几个小时，甚至不得不强行撕毁这些材料。经检验，已经可以确定这些衣服就是如今被我们称为尼龙材质的拉链式服饰。然而，这些服装似乎是有生命的，而且存在记忆。因为这些特殊的纤维不但可以紧密的黏合在一起，甚至还可以不断恢复成原有的样子。

这份文件最让人惊讶的内容是围绕团队中的一员——团队成员中最瘦弱的一个——他选择了试穿这些服装中的一件。终于学会了如何轻松解开这件衣服之后，他的同事为他撑开衣服，让他钻进去。非常惊人的是，这衣服可以在穿着者身上快速成型。相比于穿着者的身材，衣服虽然有些不舒服，但至少可以穿。然而，当披上这件衣服后，发生了非常古怪的事情。他开始感到非常恐惧，他的脑海开始接收图像，这些图像是关于地球上所有生命——特别是关于人类的——黑暗和可怕的未来。未来是一个充满辐射的世界，城市一片荒芜，因原子弹爆炸而产生的巨大的近几英里的蘑菇云，一直上升到永远是一片黑暗的天空中。类似飞碟的奇怪物体，飞过这些荒废的景象。也许最令人担忧的是，人类因某种不知道来源的致命病毒而走到了灭绝的边缘。这种病毒以攻击人体的免疫系统为目标，让人失去抵抗力。

穿上服装的那个人，产生了一种非常特殊且不安的感觉：无论这些生物是什么，他们非常恨我们，这是一些在他们计划中的情节——他们试着在苏联和美国之间引起一场核浩劫，也就是说，“他们想把我们的世界变成画面中的样子”。

知道这些之后，他陷入到深深地苦恼之中，他的同事和朋友赶快将衣服从他身上扯了下来。他的实验报告很快就准备好了，并且向由美国宇航局和中情局人员组成的一个擅长解决心理问题的小组，做了简单细致地介绍。

> 文件还提到这种奇异的事件为这些服装还带有记忆提供了进一步揭开真相的线索，并且这些衣服与之前穿着它们的那些生物的思想和记忆有关联。文件中最令人不可思议的一个记录指出了这些衣服一直被锁在一个被严密看守的安全的地下室里，人们认为它完全是一种“外星危害”。
>
> 2006年 雷德芬采访约翰

绝密

约翰回顾其他大部分文件，一共分为两个特定的类别：

1.有很多关于在1947年找到的，从新墨西哥州的沙漠中运回来的两个滑翔式飞行器的技术文件。它们记录了飞行器的结构、起落装置和很多约翰已经想不起来的东西。

2. 关于各种人员进行讨论的数百页单页或双页的备忘录，大都是关于生物和细菌问题，以及UFO项目的讨论。

约翰说，文件中从来没有提到，这些飞行器和外星人到底来自哪里，似乎也没有就他们究竟是什么，或他们的初衷是什么等问题，达成共识。

机密

约翰告诉我，一份1947年7月收集的文件，做出了这样一个推测：这些事情可能全部都是苏联方面设计的一个巧妙的骗局。但是很快，所有人都明白过来，苏联并不具备让生物产生少许改变或变异并成功制作这个完美的骗局的先进科技，因为这些生物的某些特点，与人类是如此地不同。约翰称，在记录中提到的另一个理论是，这是美国为了掩盖冷战时对人们因采取暴行所造成的身体和心理上的摧残的事实，而编造的故事。

约翰说，在这些与他一起工作的人中，有三种情形被认为是最有趣的：

1. 这些事物来自另一个完全不同的世界。

2. 他们被认为是来自地球的某个地方— 另一个维度或者比我们所谈及的还要

遥远的某个地方。

3. 更让人难以置信的说法是，他们就是未来的人类。

约翰还说，在与同事讨论51区的时候，他才知道，直到进入二十世纪七十年代，仍然没有确凿的证据来证明那些生物是什么，或者他们从哪里来。但是有一点非常重要，这促使一些人产生了进行时间旅行的强烈渴望：虽然在新墨西哥州收回的飞船从技术上来说是十分先进的，飞船上的几个组件构成的十分精密的系统——约翰推断，应该不是生活在遥远星球的外星人所使用的。换句话说，从这艘飞船本身和建造它们的方式来看，外星人与我们有着很密切的联系。

而且，文件中提到了有关外星生命是否存在的大量研究，据说许多美国宇航局专家都参与过这一课题的讨论。专家们得出的最重要的结论是：宇宙中除了地球以外，肯定存在另一种生命。那些靠近我们的生物也许就是外星人。

然而，在整件事情中，美国宇航局让人感到最可疑的地方是，那些生物不仅可以适应地球上的空气，而且他们甚至还与我们拥有同样的大气环境——这似乎太过巧合了。约翰说，这种怀疑立刻将人们划分为两个阵营——对这种说法感兴趣的一方，认为这些生物源自地球，他们可能来自遥远的未来，或者他们一直存在于地球上某个秘密的地方；而另一方相信，这些生物就是外星人，只不过他们使用了一些远远超过我们的尖端科技转换了他们的基因，所以，他们能够完全适应我们的环境。

约翰仍然在继续履行之前敲定的这个为期一年的劳动合同。在1981年的冬天退休之前，他获得了在私人安全部门的工作（其中包括对申请美国宇航局职位的人进行背景安全调查）。他对于这些奇怪事件的思想和理论，以及他在整个事件中所公布的文件，都耐人寻味。正如他自己指出的那样，在UFO这一领域中，他没有任何的专业知识。因此，如果这是个巨大且重要的秘密，为什么他可以首先看到这个事件的简报？另外，他还想知道：鉴于行动的规模和意义，这种工作是不是应该交给能在这里工作一生的人，而不是他这样工作还不到12个月的新人？

慎重考虑过这些事实之后，约翰强调，虽然备受争议的文档看起来确实是真实的，但在约翰脑海中始终存在这种疑惑：他接触到的文件，有可能是美国宇航局及中情局、空军情报处、国家安全局等情报机构所制定的一些古怪又晦涩的心理游戏。因为他在51区工作，所以他查阅这些文件的直接后果就是受到联邦调查局的调查。约翰猜测，他的上司可能为了考验他，而伪造了这些关于51区的资料，然后监视他的一举一动，看他是否会将所见所闻说出去。实际上，在这12月里，约翰从来没有将自己的见闻透漏出去，因此他被认为是完全值得信赖的。作为对他忠诚的奖励，他可以在私人安全部门度过漫长的职业生涯。这份工作完全与UFO无关，但几乎可以毫不费力地，让他在美国情报界拥有很高的影响力。

真相可能不是这样的，但有一点可以确定，他们编造了无数的故事来隐藏或者保护这个不为人知的真相。

第六章 外星传染病

2003年4月左右，我正在对一个特殊的谣言进行调查，当时传言美国宇航局可能已经对致命的外星病毒进行了秘密的研究。所以我给一个网上讨论组的很多成员发了一份带有我署名的措辞谨慎的信息，这条信息是关于生化战争的。在发出信息之后，我很快就接到了一位叫做拉尔夫·詹姆森的人打来的电话。几十年前，他曾在马里兰州的迪特里克港（一个专门研究传染性病毒、危险微生物和生物武器的陆军基地）工作，这是美国政府进行生物战防御研究的地方。

詹姆森告诉我，已故的迈克尔·克莱顿在1969年曾写过《天外来菌》这本书，随后还拍摄了同名电影。这本书的中心主题，引起了迪特里克工作人员的浓厚兴趣和关注：一颗人造卫星在返回地球时携带了致命的外星病菌，随后这种对人类非常致命的外星病菌传播开来。

在《天外来菌》电影公开上映约九个月后，詹姆森告诉我，一个题为《仙女座：事实还是虚构？》的文档出现在了他的桌子上。詹姆森一再强调，那份文

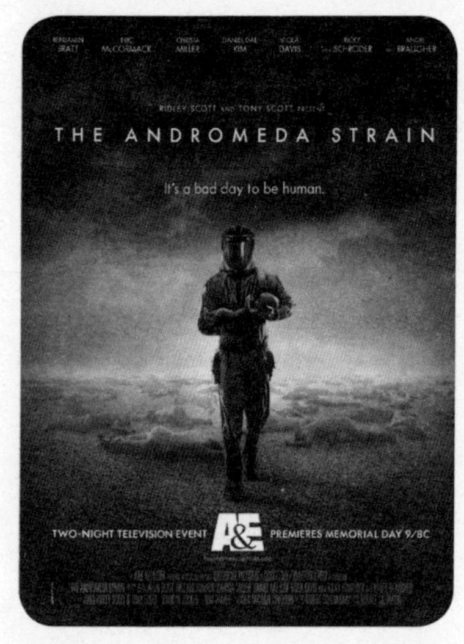

迈克尔·克莱顿小说改编的同名电影——天外来菌

档不是一份官方认可的文档，而是由一个利用自己的业余时间进行研究的迪特里克港的雇员所写的。据说该男子最终将文档递交给了他的上司，也许有一天，这个文档会被视为一个迪特里克港的雇员的业余爱好。詹姆森进一步的阐述了提交的这份报告与《天外来菌》的剧情有着非常密切的联系，它深入地探讨了这样一个问题：这种噩梦是否会再某一天成为可怕的现实。这份报告差不多有200页，报告没有以任何形式或方式去讨论UFO，只集中讨论了两个有争议的问题：

1. 一种外星病毒可能通过陨石来到地球。

2. 美国宇航局的宇航员从月球或以后从火星上带回来的外星样本，可能会带回一种外星病毒，并感染整个地球上的所有生命。

这份报告还进一步分析：

- **一个失去控制的外星病毒，可能会疯狂地传播。**
- **世界各国政府将如何去处理它。**
- **如果事态升级，将需采取怎样的预防措施。**
- **是否能找到战胜病菌的疫苗。**

报告还讨论了我们可能很难找到与之相对抗的疫苗，因为病毒大范围传播的后果是，病毒可能会产生变异，成为一个毁灭整个人类的破坏性病毒。詹姆森解释说，这份令人不安的报告，被放在迪特里克港的档案室里，偶尔被受雇于那里的有关各方取出浏览。

詹姆森还说，尽管原始的文档副本从来没有离开过迪特里克港，但曾经有一次，发生了非常奇怪的事情：三份文档中的一份拷贝已在第一时间转发给美国宇航局和中情局的科学与技术办公室，但却消失了几个月。而且有趣的是，当这份文档又回到迪特里克港的时候，很明显文档的内容已被严密地审查过了，这些不同的审查还对文档做出了修改，申请查阅这份资料的美国宇航局和中情局的人员，还对某些部分进行了标注。

詹姆森说，有一个人了解文档的完整历史，以及它的内容和含义，这个人就是查尔斯·拉什·菲利普博士。迪特里克港的领导纽曼·考维特说：

> 在1943年至1969年期间，他的工作是在科学家研究有关微生物医学知识时，尽可能地为他们提供和维护所需要的各种工具。最后，他们研制出了应对各种疾病的疫苗，还发现了病毒传播的方式。

绝密

美国宇航局、中央情报局和迪特里克港的工作人员，对外星病毒表现出了浓厚的兴趣。乍听上去可能会觉得莫名奇妙，其实不然。早在数年之前，外星疾病就已经成为科学界中一些顶尖人才最关心的课题之一。

1967年1月27日，在美国的华盛顿，由华盛顿、伦敦和莫斯科三方共同签署了《各国探索和利用外层空间的活动管理原则协议》，在同年的10月10日正式生效。协议的第九条提出：

> 在探索和利用包括月球和其他天体在内的外层空间时，签署条约的缔约国应遵循合作和互助的原则。而且，在外层空间，包括月球和其他天体上所进行的一切活动，都应充分考虑到该条约其他缔约国的相应利益。条约缔约国在对外层空间，包括月球和其他天体，进行研究和探索时，应避免造成有害的污染，或引入对地球环境不利的外太空物质。

协议中对“外星物质的引入，对地球环境造成不利变化”问题的深切关注，就是对那份文档最可信的佐证。

机密

甚至早在几十年前，就有人承认，可能对人类的存在构成重大威胁的，就是来自其他星球的致命病毒，约书亚·莱德贝格就是其中之一。他的研究曾获得诺贝尔和平奖，他负责美国宇航局雄心勃勃的寻找火星生命的实验计划。1960年8月12日，莱德贝格为《科学》杂志写了八页题为“外星生物学：地球之外的生命形态”的论文，他悲观地指出：“从目前来看，比起其它存在的巨大风险，我们为了消除潜在危险而对返回地球的宇宙飞行器所进行的处理，还远远不够。”

然后，在1969年7月10日，莱德贝格给《纽约时报》写了一封信（发表在第13版），严厉抨击了报纸对在“阿波罗11号”登陆月球任务中，顺利返回的美国宇航局宇航员阿姆斯特朗、奥尔德林和柯林斯是否会引起“全球被月球病菌感染的巨大风险”的可能性进行的论述。莱德贝格仔细解释了他的信，因为在完全没有大气环境的情况下，月亮几乎不可能存在对地球上的生命或人类产生影响的致命细菌或病毒。然而，他非常谨慎地强调，“保护地球免受可能来自火星的传染病”是一个绝对需要认真研究和解决的问题。如果美国宇航局有一天决定运送宇航员去探索那个红色星球，需要提前做好更加广泛和严格的研究工作。

《纽约时报》约书亚·莱德贝格的来信

1970年8月16日发行的《华盛顿邮报》，有两页刊载了莱德贝格名为“为健康或战争而研制的变种病毒”的文章，其内容讨论了蓄意制造战争病毒的问题，以及与此类似的、以医疗为目的变性病毒的问题。莱德贝格的部分论述如下：

现在我们应该认识到，在实验室或医疗实践的范围内，故意释放传染性的粒子，无论是病毒或细菌，都必须被视为一个不负责任的、威胁整个人类社会的行为，并且应该受到谴责。

莱德贝格不是唯一一个对这个问题提出质疑的人。例如，作家莱斯利·马伦，在2003年也指出：

> 尽管没有证据证明，除了地球以外的任何地方存在有细菌或病毒的病原体，但是已经有一个叫做"反对火星样本返回地球的国际委员会"的宣传小组，担心出现类似《天外来菌》这种科幻小说所描绘的，发生感染外星病毒的可怕情形。

2003年6月，《美国国家地理》杂志透露，威尔士卡迪夫大学的维克勒·马辛哈在一封寄往英国医学杂志《柳叶刀》的信中，提出了一个令人不安的理论：SARS疫情很可能来自外层空间。这种病毒最初通过某种途径来到了地球，然后才传入中国，那里形成了爆发的源头。

鉴于这些注意事项，我们确实应该仔细注意和留意约书亚·莱德贝格在1988年8月5日为《美国医学协会学报》所写的题为"医学、传染病和人类团结"文章中的一段话，在内容中他提到，他时刻都在担忧超级病毒会肆虐全球。在这篇论文的最后一段，莱德贝格特别提到：

病菌可能昨天还在一个遥远的大陆伤害一个小孩，今天就会来到你的身边，而明天它就会感染整个世界。

我们已经得到了严厉的警告。然而，我们是否已经为所有出现的可能性进行了充分的准备，则是另一个完全不同的问题。

第七章 20世纪70年代的欧洲

从20世纪70年代初到70年代中旬，美国宇航局人员对UFO事件其实深感兴趣，其有力证据被记录在国防部的一份被列为机密的报告中，这份报告与美国宇航局的高级人员共享，日期为1974年8月22日。这份文件详细地描述了在1973年秋到1974年夏这段时间内，来自西班牙的大量关于UFO的资料和数据。

以下是转交给美国宇航局的文件：

> 在1973年9月至1974年6月间，大量UFO事件同时出现在西班牙，很多人都报告说看到了不寻常的事情。
>
> 1974年 国防部UFO相关文件

让我们着重查看一下这些来自西班牙的不明飞行物档案，美国宇航局认为它们对于解开UFO现象之谜，有着重要的意义。

机密

第一份报告讲述了一件非常古怪的事情：9月的一个晚上，在西班牙埃尔费罗尔·德尔考迪略地区，有几个目击者发现了一个直径大约3英尺、非常明亮、碟状的不明飞行物。它看上去像是被操纵了，有些不稳定，“两条腿”在近地面摇摆着。由于这个物体很小，所以有些像是被操控的外星设备。这与40年后，部署在伊拉克和阿富汗周边地区的空军发现的物体没有什么不同。这是否也与在二十世纪五十年代初美国宇航局的宇航员斯雷顿所见到的一样？不管这个问题的答案是什么，UFO都无意于长时间在天空中徘徊，它们突然飞到天上，之后消失在黑暗之中。

然而，美国宇航局知道，西班牙注定不会与有关UFO的话题脱离太长时间。仅在三个月后，也就是1973年12月11日，有人在西班牙的马拉加看见了一个标准的飞碟。它在黎明的天空中盘旋了大约一刻钟，然后在没有发出任何警告的情况下，突然向托雷莫里方向高速前进。但是，在1974年的三四月份，有关飞碟的问题才开始升温，而美国宇航局在世界的另一端才注意到这些个情况。

在接到几份非常模糊不清的UFO报告之后，1974年3月的前两个星期，空中出现了不寻常的情况，事情开始以一种非常意外的方式大幅改变。当然，最不可思议的事件（与美国宇航局共享的详情）发生在1974年3月23日瓜尔达斯堡南面的三英里外。

让人难以置信的是，包括警察和汽车销售员在内的目击者都看到了官方文件中所描述的一队巨大的、带有金属光泽的铅笔形飞船，长度在500到600英尺，在非常危险的低空中缓慢飞行。忽然，所有目击者都看到从其中一个巨大的飞船中飞出了三个小得多的、像蘑菇一样的飞行器。在片刻安静的停留之后，他们几乎是直线下降到了地面，然后小幅上升，并且开始追逐推销员，而推销员惊恐地跑开了。

幸运的是，它没有对人造成伤害。当推销员到达瓜尔达斯堡市郊的村庄时，蘑菇形的飞船都消失在天空中了。

所有这些只能算是颇具传奇色彩的小体验。仅仅几个小时以后，发生了一起特殊事件，引起了美国宇航局的极大兴趣。

这一次，目击者是卡的斯省委员会主席的司机。当黑暗突然笼罩在桑卢卡尔－德巴拉梅达附近的一条高速公路上时，司机看见了一个明亮的物体在道路上空50英尺高的天空中疯狂飞舞。不仅如此，UFO还几乎瘫痪了整个电力系统，并使目击者缓慢、谨慎驾驶的汽车的发动机熄火。很明显，UFO或者飞船上的外星人船员有能力对人们的车辆造成不利的影响，这种现象与在苏联发射人造地球卫星1号之后，联邦调查局在1957年的报告中所描述的情况十分相似。本书在第一章中进行了详细的介绍，在俄罗斯发射的时候，联邦调查局曾指出：

> ……据说西南州的人驾驶自己的汽车时看见了UFO，并造成了汽车发动机失灵。
>
> 1957年 联邦调查局关于UFO的文件

接下来的几天，西班牙的天空充满了碟状的光亮的不明物体，小型发光的三角形机器在空中缓慢地移动，就像停在宁静湖水中的船一样，轻轻地颤动。然而，事情不会长时间保持平静，很快，外星人就会主动现身。

绝密

1974年3月26日晚，所有的事情都变得一团糟。在这天晚上，一位年轻的卡车司机的奇怪遭遇，与他从十几岁到现在所经历过的所有不幸遭遇都有所不同：他遇到了壮观的超自然现象。他沿着巴尔德伊哈德罗斯的高速公路回家，一个环状物体——与转交给美国宇航局的文件中所描述的一样，看起来像两个盘子放在一起——显然是在某种智能形式的控制之下，出现在了近地面的空中。

事实上，飞碟已经低到年轻人不得不被迫采取了规避行动。他猛踩刹车，很快他的卡车因为急刹车滑到了高速公路边缘。还有更糟的事情：第二个外观非常相似的不明飞行物，在大约50英尺远的地方着陆，两个非常高的人形生物，突然从里面走了出来。年轻人坐在那里，恐怖地盯着他们展开手臂，用他们的手指指着已经被吓坏了的自己，并且大步走了过来。幸运的是，尽管有些令人困惑，但两个外星人在最后一刻还是决定终止行动。他们返回到自己的宇宙飞船上，很快就飞到空中，然后飞走了。但是没过多久，外星人就找到了他们的下一个想要恐吓的受害者。

仅仅几小时后，又是在巴尔德伊哈德罗斯附近，夜深人静的时候，发生了一些非常奇怪的事情。鉴于这是一个让人万分惊诧的案例，我选择了直接引用美国国防部向美国宇航局提供的官方摘要，这是一位男性目击者的详细故事：

> 三个带有类似照明灯装置的银色飞船停在高速公路上。目击者停止了他的汽车发动机，从飞船上下来的人开始逐渐接近他。他开始跑，他被吓坏了，而那些人一直跟着他。他藏在了一个水沟里才得以逃脱。他看到追赶者在离他不到两米的地方走了过去。他们身高约2米，有胳膊和腿，但他没有看到他们的脸。在他们走后，他又回到了卡车上。这些生物又返回来再次观察他，然后他们进入飞船离开了。
>
> 1974年 国防部UFO相关文件

这是否是某种形式的外星人绑架？ 36年之后的现在，似乎依然无法得到任何肯定的答复。

一天后，在马拉加发生了一件很奇特的UFO事件。这件事涉及到了大量被照亮的“弥漫的气体”。无论它是什么或有什么目的，我们都无从知晓了，因为受惊吓的目击者无法提供更多的线索。

其中最可信的是1974年4月14日美国宇航局通过国防部达成的报告，里面涉及三位证人：一位受人尊敬的大学教授和他的妻子（他们来自西班牙埃雷拉·德阿尔坎塔拉地区），以及教授的一名学生。三位目击者称，看见一个65英尺的菱形飞碟在低空飞行，带有粉红色和黄色组合而成的明亮的照明装置。在仅仅几分钟之后，飞船开始下降，最终降落在地面上。在它回到天空之前，在地面停留了约五六分钟。然后它朝东北方向飞去，很快就看不见了。

在埃雷拉·德阿尔坎塔拉地区的大学教授和他的妻子以及学生遇到UFO的一天之后，很多乘客正坐在从休达到阿尔赫西拉斯的渡轮上，当时又发生了一起可能是外星生物的探访事件。乘客在报告中一致认为：一个非常明亮的物体从水中的一块大石头旁边升起来。它悄无声息地低速飞了一会儿，又回到了黑暗的水中。很快，它又重复了一次完全一样的行为，之后就再也没有露面。

秘密

在接下来的两个月，美国宇航局获悉，UFO在西班牙的嚣张行为已经渐渐平息了。然而，在1974年6月16日，它似乎又为了复仇而返回。地点在卡塞雷斯，时间是早上5点左右。这起事件只有一位目击者，他是一位开车去上班的工人。那个早晨，他注定永远不会忘记。一些较早的西班牙事件引起了美国宇航局的注意，UFO总是选择高速公路来展示自己奇怪的外观：飞船俯冲到一个人的车上，用非常快的速度追逐受到惊吓的人，并纠缠几英里，它们距离司机非常近，甚至可以看到三个巨大的生物坐在飞船里。也许是绝望的关系，司机关掉了汽车的前灯，此时不明飞行物却突然消失了。当然，没有车灯在高速公路上开车是十分危险的行为。当然，在被飞碟中的巨型外星驾驶员追杀时，无须介意这些。所以当他感觉到UFO已经走了，司机将车上的全部照明灯都打开了。最终，事实证明这是一个非常大的错误：

不明飞行物看似从稀薄的空气中突然重新出现，再次靠近这个司机的汽车。更令人关注的是，这位男士报告说UFO跟踪他，并一直追到了他的家中，然后突然像子弹一样射向天空。这回目击者很幸运，它没有再次返回。

有趣的是，在国防部交给美国宇航局的报告的结尾部分，对1973年到1974年间发生在西班牙的UFO事件，进行了这样的阐述：

> ……今年4月，一专家小组在马拉加举行会议，以科学地研究在该区域附近看到的UFO。但这次会议的结果是保密的。
>
> 1974年 国防部UFO相关文件

机密

让我们离开西班牙，了解一下在同一时期美国宇航局收到的所有案件中，最奇怪、最令人不安的一件，它发生在英格兰弗雷姆勒的一个设施中，这个设施属于GEC-Marconi公司，该公司下属的马可尼水下系统公司与马可尼空间防御系统公司，在英国国防部的军事研究和发展计划方面，发挥着主导作用。

1974年初，故事的主角是受雇于总公司的高级员工，此前是英国皇家海军的设计师。一天早晨，她到达了工作地点，惊讶地看到无数英国国防部的工作人员聚集在大楼周围。她知道，肯定发生了重大的事情。过了一会儿，她走近一位值得信任的同事，这位同事也是这个机构的高级员工。

“是不是发生了一些非常严重的事故？”她悄悄地询问道。

“是的。”她的同事以同样的方式回答说：“我们的设施被闯入了。我不能再多说了。”

在接下来的几个星期中，那些让人费解的事情渐渐变得明朗起来。发生的“闯入”远远超过了一个简单的、未经授权的侵入行为。事实上，是一个活生生的、能够呼吸的外星人，进入了这个受到高度保护的设施。

事件发生在深夜，重要的目击者是一名保安，他像往常一样在大楼的四周巡逻。当他沿着设施内部的一条特殊的走廊向前走时，警卫看到从附近的房间内，发射出耀眼的蓝色强光，他感到非常震惊，因为这不是一个普通的房间——这个房间被用来存储马可尼公司为英国政府工作时所产生的绝密文件。这些文件大多数都与机密的雷达国防工程有关。

警卫突然意识到，在晚上的这个时候，屋子里面应该没有人。于是他冲进了屋子，看到了一个非常令人震惊的景象。有一个类似人类、却不是人类的生物，在挑选机密文件，然后在警卫的眼前，快速消失了。虽然这名警卫受到了严重的惊吓，但是他依然能够向他的上司简单地描述这个生物。他说，耀眼的蓝光是从一个覆盖整个头部大型头盔前发出的。

第二天早上，那名因为昨晚的遭遇而精神近乎完全崩溃的警卫被军事人员带走，送往某家医院接受强制治疗。

几个星期后，这位女设计师无意间在上司的办公室听到了一段对话。她的上司贝文先生对那些不明生物可以接近高度敏感的设施并翻阅资料的这种能力，表示了极大的担忧。这一地区被悄悄关闭了，显然人们不希望这一切再次发生。

绝密

这些数量、种类繁多的事件，引起了美国宇航局对20世纪70年代初到中期的UFO报告的兴趣，也为美国宇航局提供了证据。不必为此感到惊讶，因为美国宇航局对UFO、外星生命，以及宇宙和太空本质等问题的兴趣，从来都未曾降低过。

第八章 来自地球的外星人

自20世纪40年代后半段以来，遍布整个地球的成百上千的人宣称，他们已经与外星人面对面地接触过了。这些外星人来自遥远的世界，他们与人类非常相似。这些被提及的外星人经常被描述为穿着紧身的连衣裙式的衣服，美丽的头部，飘垂的头发，当然，通常（但不是全部）头发是金色的。不仅如此：我们的宇宙游客告知我们，他们已经做出了与我们面对面接触的决定。而他们对我们的侵略本性深感担忧。他们希望我们可以销毁原子弹和大规模杀伤性武器，选择过平静的生活，用爱与和平的思想去代替暴力和战争的心态。我们现在提到的这些外星人，就像是我们的太空兄弟，而那些与他们进行过接触的人，则被称为"外星人接触者"。这些人也因为这样特别的经历，而让自己的生活发生了彻底的改变。

如果目击证人的话是真的，就在1947年夏天UFO开始在整个星球上频繁出没不久之后，我们的宇宙访客选择了用一种非常特别的方式来与我们进行联络和表达自己的意思。也许他们不愿意降落在白宫的草坪上、白金汉宫门外，或者克里姆林宫前，而似乎更倾向于采取更为直接、更为低调的联系方式。

因此，目击者声称，太空兄弟偏爱在沙漠、高山、森林、尘土飞扬的遥远餐厅和寒风凛冽的偏僻地区的小城出现。

绝密

其中一个典型（而且几乎确定的）的例子，发生在1973年10月28日午夜后不久。迪奥尼西奥·兰卡是一名卡车司机，当时他正在沿布兰卡港附近的3号公路行驶。布兰卡港是一个位于布宜诺斯艾利斯省西南部的城市。他已经开了几个小时的车，但一个被缓慢刺穿的轮胎影响了兰卡的驾驶。轮胎突然一点气都没有了，这几乎导致兰卡的卡车失去控制，还差点毁掉了车上的货物。因此，他被迫将他的卡车快速停到路边的休息区，并卸下轮胎。这时，发生了很奇怪的事情：兰卡忽然发现自己被一个圆形飞船发出的明亮光束所笼罩，那个飞船悬停在不超过20英尺高的空中。强力的照明仿佛冻结了现场，兰卡已经被吓呆了，他转过头看到三个外星人站在他的身后，他们的眼睛似乎可以燃烧他的灵魂。这三个人，有两个男性和一个女性，他们看上去很像人类，大约高五英尺半，穿着看上去很保暖的灰白色连体衣，当然，他们也有一头标志性的金发。接下来的事情，对于兰卡来说不是那么有趣。男性外星人中的一个，突然向兰卡猛扑过来，在他左手的手指上，连接一些未知的装置。不管是恐惧，还是因为装置在起作用，兰卡忽然感到头非常晕，并很快失去了知觉。不久之后，他终于恢复理智和平衡，兰卡的思想被来自三个外星人的信息所淹没。外星人告诉他，他们自1950年以来一直存在于我们的世界。他们还用严厉的语气说：

> 如果你们的行为依然像现在一样，你们的星球必将遭受非常严重的灾难。

机密

1973 年 10 月 29 日，在迪奥尼西奥・兰卡在布宜诺斯艾利斯遇到的奇妙经历仅仅一天之后，又发生了类似的事情。P.T. 迈克盖文（他 48 岁提前退休，在科罗拉多州丹佛与妻子一起经营一家家庭旅馆，迈克盖文曾是美国宇航局“双子星计划”的雇员。）也遇到了令人震惊的与外星人进行接触的事件。然而，迈克盖文发生遭遇的地点，与兰卡完全不同。正相反，它发生在新墨西哥州的中心。它位于我们今天所知道的四角区，在美国亚利桑那州、犹他州、科罗拉多州和新墨西哥州的交汇处，阿兹台克的新墨西哥小镇距离阿尔伯克基城不到 200 英里。这个平凡的小镇，是否就是著名的飞碟坠落地点？根据作家和记者弗兰克・史卡利在 20 世纪 40 年代末期收集的相关资料，于 1950 年出版了《飞碟背后》。这本书因 1947 年和 1948 年发生的一些特殊事件而成为畅销书，书中写道四艘外星飞碟的残骸，不少于 34 具外星人的尸体已经被美国政府找到，极其秘密地在美国国防部的不同机构里进行仔细研究。

《飞碟背后》作者弗兰克·史卡利

史卡利说，他的大部分信息主要有两个来源：塞拉斯·牛顿和“奇博士”。在1941 年联邦调查局的报告中，给牛顿用的是“完全不道德的商人”的代号，“奇博士”也是一个代号。这些是用来保护包括他们两人在内的八位科学家的真实身份的。据报道，这些科学家向牛顿和“奇博士”透露了各种有关坠毁的详细信息，他俩进而转告给了史卡利。据史卡利得到的消息称，在1948 年3 月，一个坠毁的飞碟在阿兹台克的哈特峡谷中发现，至少有18 名外星人死亡。无疑，一些UFO 调查人士从“道德有问题”的牛顿那里得到了大量关于阿兹台克事故的事实资料，如在1987 年出版《在阿兹台克坠毁的飞碟》的比尔·斯坦曼和文代勒·史蒂文斯。还有一些人对隐瞒真相表示谴责，这其中包括已故的卡尔·普夫洛克。

直到今天，阿兹台克飞碟坠毁的故事仍在争议之中。UFO研究团体对于很久以前的那一天，到底有没有发生什么，仍然存在非常多的分歧。对一些人来说，这件事中外星人真的在阿兹台克坠毁；而对另一些人来说，现在这只不过是一个调剂自己生活的骗局。然而，在1948年3月发生的事件，不管是真是假，都不是唯一证明外星生物已经到访过阿兹台克的证据。

像许多外星人接触者一样，P.T. 迈克盖文在1973年遇到外星人之前（我在2003年阿兹台克的飞碟年度会议上讲话时，遇见了同样出席活动的他），对UFO、外星人、与外星人接触等事情没有兴趣。是的，他曾经为美国宇航局的“双子星”项目工作，当然，外层空间领域的研究占据了他工作生涯的大部分时间。然而，用他自己的话说：

> 我们只是想将“双子星计划”做到最好。那时我真的没有想过外星人的事情。
>
> 2003年 雷德芬采访迈克盖文

然而，可以肯定地说，在1973年10月29日之后，UFO和外星人的事情总是在迈克盖文的脑海中挥之不去。

迈克盖文说，那是10月28日上午9点左右，他开始莫名其妙地感到极度不安。在10月27日之前的一整天，他都在为家庭旅馆的事情而忙碌。起初他只是觉得自己可能是病了，也许“太累了”。然而，随着时间的流逝，他的不安变得更加严重，然后发生了很奇怪的事情：不知何处发出了女性的声音，在很近的地方，向他轻声耳语道：

> “前往新墨西哥州的阿兹特克。你的未来也是我们的。我们欢迎你。”

他的脑海突然一片空白，他的第一个反应，就是自己患上了精神疾病，甚至是脑肿瘤。迈克盖文在房间里踱着步，完全无法放松。在接下来的大约20分钟时间里，又出现了三个语音，准确地重复同样的话，所以这些话很快被印刻在迈克盖文的记忆中。然后，在没有出现任何警告的情况下，突然出现了巨大、荒凉的视觉影像。让他感到非常惊讶和疯狂的是，他看到了三角形的黑色不明飞行物，悬停在一个峡谷的上方。他后来才知道，那就是阿兹台克的哈特峡谷。无论发生了什么，这绝对与迈克盖文之前经历的任何事情都不一样。当时，迈克盖文选择该做点什么。“现在回想一下，感觉听起来很疯狂，但我知道我必须这么做，我知道这与外星人有关。”那件疯狂的事情，就是开始前往阿兹台克的公路旅行。而她的妻子不得不独自维持家庭旅馆的运营。

迈克盖文回顾说，所有初始阶段的经验中最奇怪的事情，就是作为他的妻子似乎对他要因为一个不知来源的声音而独自长途旅行去往新墨西哥小镇的事情真相，并不表示关心。实际上，迈克盖文之后虽然感到奇怪，但是因为他当时很小心，所以没有告诉他的妻子整个事情。也许她不知何故暂时被外星人“编程”让她“不要担心”，以确保计划能够流畅并如期进行？因此，迈克盖文给他的车加满了油，并在下午两点的时候出发了。阿兹台克和外星人正在召唤他。

秘密

除了给车子加油，在路上吃个三明治，以及喝饮料而进行了短暂的停留之外，他开车进行了一个超过350 英里的长途旅行，在晚上9 点左右抵达了阿兹台克。显然，虽然城镇的多数店铺已经关门，但他仍在附近的餐馆询问，是否有人知道任何关于该地区不明飞行物的事情。

是的，他们当然知道：无论他们是否真的相信这个故事，但确实有人说，在1948年，飞碟坠毁在哈特峡谷，几乎镇上的每个人都知道这件事。从餐厅的女招待那里得知了失事地点的方向之后，他按照地图和他的直觉，小心翼翼地趋车到台地（四周很陡峭、中央比较平坦的高地）。来自另一个世界的外星人，在25年以前可能就预见了他们的死亡。迈克盖文说，旅途的最后部分需要步行，因为他根本无法将车开到台地上。如果他想让自己的汽车完好无损，并在回去的途中依然开着它，那么他最好不要试图将其开上台地。所以，他手里拿着一个光线很强的手电筒，非常小心的来到台地顶部，然后坐下来，等待着。

当午夜来临的时候，迈克盖文等得有些不耐烦了。但是，他认为有必要坚持下去。为了来这里，他已经旅行了350 英里，所以他认为现在离开，将是一个重大错误。非常幸运，他决定继续等待，并看看到底会发生什么。迈克盖文说，过了一会儿，当他走回到车子的后座上，他就睡着了。但是在凌晨2点左右，一个非常吵并且强烈震动的嗡嗡声让他的整个身体产生共鸣，这使他明显感到恶心。于是，他就这样被吵醒了。胃部强烈的翻腾让他感到恶心，然而，迈克盖文的忧虑却消失了。他摇下汽车的后车窗，望向天空，他震惊地看到，在他上面不到80英尺的地方，有一个巨大的、三角形的黑色飞碟。这与前一天他在幻想中看到的飞碟，几乎是相同的。

他猛地打开车门，当他这样做的时候，恶心和碰撞的嗡嗡声突然消失了。他周围变得十分寂静。在圆形飞船下面，突然出现三盏小灯，可以提供一些照明。仅仅看到不明飞行物对迈克盖文来说是不够的，接下来发生了更让人难以置信的事情。他看见在他的右边只有约30英尺地方，一个人的轮廓正在从黑暗中慢慢向他走来。无法移动或说话，迈克盖文只能眼盯着他越走越近，然后灯亮了起来，迈克盖文现在相信，那真的是一艘来自另一个世界的飞船。

这个生物与人类男性非常相近，身高接近6.5英尺，身着连体的灰色衣服，从他的脖子一直到他的脚，一头闪亮飘逸的金色长发，几乎到达了他的腰部。在伸出他的手时，迈克盖文的第一个本能反应就是快速逃跑。但是他深深吸一口气，然后伸出了手。握手之后，外星人展露了一丝微笑，然后说自己叫做加翁。

绝密

据迈克盖文所说，尽管深切希望，但他从来没有登上飞船。他也没有被告知这些神秘访客究竟来自哪里。然而，当不明飞行物继续在头顶上盘旋并为周围照明的时候，加翁向迈克盖文挥手，带他来到一个满是灰尘的地方，加翁迅速坐下来，并邀请迈克盖文也这么做。于是，迈克盖文也坐了下来。迈克盖文仔细聆听着加翁用轻微的声音对他说话，但听上去与之前的女性声音完全不同。加翁说，他和他的同类在第二次世界大战爆发之后，就已经秘密地访问过地球。外星人甚至选择与我们共同生活，考虑到加翁与人类非常相似的外貌，这样做也不是不可能的，迈克盖文说，最多你会因加翁的身高和金色长发而多看他两眼而已。

由于1939年到1945年世界范围的敌对行动，外星人已经尽量避免被地球人发现。然而，随着原子弹的发展，日本城市广岛和长崎相继被摧毁，加速了第二次世界大战结束。之后，加翁说，他的人民决定彻底改变他们的战术，他们决定变得更积极，并且几乎无处不在。

迈克盖文被告知，从1947年夏天开始，外星人开始在整个地球谨慎接触人类。没有章法或原则，一切都是完全随机的。然而，这个似乎不合逻辑的做法背后有一个规律：尽量不接触那些跟踪他们、捕捉他们的几个主要国家的政府和军事机构的人。加翁说，事实上，存在的外星人人数非常少，从来没有超过40个人和8艘飞船。在20世纪40年代和50年代，他们在我们的星球或星球轨道上，通过复杂的全息图像的方式，人为地在外星人接触者的心中注入许多超前的想法，外星飞船的舰队几乎每天都会访问我们地球。加翁指出，其实，真正外星人的存在对地球的影响是微乎其微的，他们在一定程度上欺骗我们是为了保护我们。而我们整个种族却不知为何鲁莽地断定外星人是万能的。

在现实中他们的数量很小，他们的飞船不可能构成舰队，他们离家很远，能够使用的资源极其有限。

当然，迈克盖文面临的最大问题是：为什么选择我？加翁首先笑了一下，然后解释说，他和他的同类希望巧妙地向地球人传达一个信息：让爱像阳光一样充满整个世界，结束冷战，创建一个新的世界，将人类提升到一个全新水平。而且，以同样的方式，在20世纪50年代他们对与迈克盖文拥有同样经验的其他"外星人接触者"做了同样的事情（比如乔治·范·塔索、奥尔费奥·安杰卢奇、杜鲁门·贝休伦）。加翁希望迈克盖文公开他在台地上的经历，使得人们思考和冥想这种际遇，帮助他们进一步让地球人知道，他们都是友善的外星人这样一个概念。此外，他们还会帮助人类加强科学上和精神上的发展。

看起来迈克盖文对这些问题很感兴趣，加翁非常安静地看着他，大约凝视了20秒。在这种寂静的环境下，被一个自称是来自另一个世界的使者盯着，迈克盖文感到毛骨悚然。为了打破沉默，迈克盖文说自己完全理解加翁这种想法的重要性，并表示愿意按照他的要求去做。长发的外星人站了起来，似乎对简短交流的结果很满意，他渐渐退回到周围的黑暗中，从迈克盖文的视野中消失了。迈克盖文说，他感到很好奇，因为他没有见到加翁进入飞碟。然而，仅仅几分钟之后，天空中的灯都熄灭了，四周又完全安静下来，迈克盖文陷入一片漆黑之中。这次奇遇已经结束，与许多其他"外星人接触者"不同，迈克盖文并不期望再次见到外星访客。这一切对迈克盖文来说，并没有想象得那么好。

机密

在开车返回科罗拉多州的丹佛时，他依然有不安的感觉，似乎陷入了一个很大的骗局。他在想自己是否被人利用了。迈克盖文回忆，关于加翁，他似乎有些太完美了，但越是这样越让他不安。虽然不知道什么地方不对，但总是感觉不对。还有一个事实，外星人的名字——加翁，与迈克盖文自己的姓氏是差不多的。这仅仅是由于一个奇怪的巧合，还是加翁希望通过使用虚假身份来加强他们之间的联系吗？迈克盖文不可能知道真相，但他并不满意目前的情况。

未来几周，迈克盖文仔细思索着这个经历，并最终选择采取以现在来看有很大风险的行动：他联系了几个美国宇航局“双子星计划”的老朋友，讲述了那晚在哈特峡谷发生的故事。大概六个星期之后，他接到了一个男人的电话，他自称卡拉南先生。他在美国宇航局做安保工作，他说：“如果可以，我们能不能在哪里见个面。”

显然，与卡拉南先生见面不是问题，所以他们决定三天后，在丹佛附近机场的餐厅里见面。卡拉南对迈克盖文解释，他是从迈克盖文“双子星计划”的以前老朋友那里知晓他的奇遇的。迈克盖文曾将自己的奇遇告诉过他们。“但后来，他们都予以否认了。”迈克盖文告诉我。

卡拉南用非常严肃的语气告诉惴惴不安的迈克盖文，他非常担心迈克盖文和加翁的奇怪谈话。尽管迈克盖文已经从外星人那里得到了保证，但卡拉南劝他，加翁和他的同伙根本不是从遥远星系来的外星人。相比之下，他们是一个古老陆地种族的后代，与人类息息相关。他们是上万年前先进但与世隔绝的文明，像亚特兰蒂斯传说中所讲述的那样，但当他们不得不面对一个势不可挡的、日益严重的、甚至很快会危害整个星球的灾难时，他们被迫撤退到巨大的地下洞室里。卡拉南停顿了一下，然后继续说道：这个灾难就是我们——人类。

加翁对我们表示关注，因为人类很有可能通过灾难性的核攻击，对地球造成不可弥补的损害。迈克盖文被告知，这种事情在北约和华约之间是非常有可能发生的。卡拉南郑重地解释道，这不是在撒谎。但加翁害怕承认的事实是，他们被迫与我们共同面对地球。这次会面对迈克盖文有重大的意义。许多问题一直萦绕在迈克盖文的脑海：美国宇航局怎么知道这些？这些古代种族危险吗？这次会面的真实目的是什么？

卡拉南回答，美国宇航局已经获得了这些生命存在的确凿证据，并且已能够基本上确认他们的起源，这些信息是从他们的族人那里得到的——1968

年，当一个奇怪的飞船在新墨西哥的沙漠中坠毁时，他们抓到了加翁的两个族人。事情沉寂了几个月。那两位长头发外星人被卡拉南神秘地描述为“他们可能需要通过一些战术来完成任务”。事件的真相，终于浮出水面：我们假定的外星人是根本不存在的。相反，他们一直在这里，并想找个方式收回曾经属于他们的世界，消灭他们最痛恨的敌人—— 我们。这只是他们行动的一部分。

卡拉南解释说，问题是他们的物种现在非常窘困，从进化的角度来看，他们明显在衰弱：遗传问题和普遍患有疾病迫使这些人试着与我们进行交配——这是改善他们处境的一种方式，使他们摆脱灭绝的厄运。而且，他们似乎有一个古老的、与我们有着共同起源的血统，这令美国宇航局非常懊恼，因为实际上这种杂交已经在进行。但是，为了确保他们的家乡不被发现，这些人虚构了他们来自遥远星系的故事。

卡拉南说，美国政府对这件事情极为关注，在一定程度上我们唯一的优势是，虽然这些人拥有非常先进的技术，但他们的人口规模使他们无法与人类进行战争。他们想要把我们消灭掉，美国宇航局通过一些途径得出结论，他们在等待时机，想通过另一种方式让人类从地球上完全消失—— 他们可能使用致命的病毒。当然病毒只对我们是致命的，但他们对这种病毒拥有免疫力（迈克盖文不知道美国宇航局是如何得出这个结论的）。卡拉南说，迈克盖文做的正确的事就是，向一直在美国宇航局负责“双子星计划”的朋友们叙述他的遭遇。他们每个人都很感激迈克盖文，但是听到这些古代生物仍然继续进行自己是外星人的欺骗行为，他们感到很生气。

在与卡拉南秘密会见之后，迈克盖文的脑袋终于放松了下来。故事是真的吗？还是政府不希望看到我们的社会性质在发生彻底的改变，所以编造了这个谎言，旨在混淆在我们中间真的存在友好外星人的可能性？在2003年，我与他会面时，迈克盖文承认他对这些问题仍然没有想出答案，因为他尝试过所有方法，但都无法找到神秘的卡拉南。而且他从未在美国宇航局再次碰到知道或愿意讨论这件事的其他人。

秘密

很明显，有些人共享(或共享过)卡拉南的意见和结论。其中之一就是后来的迈克·托尼，其在死后才出版的书《传说中的怪兽》讲到，外星人访客也许就是日渐衰退的古老地球文明的幸存者。

在2009年，关于长发碧眼的外星人和那些他们选择的接触者，托尼告诉我：

> 评论者经常假定所有外星人接触者在撒谎，或者患有妄想症。但如果那些遭遇都是真的，外星人接触者遇到的那些生物也可能是真的。这些来自远古同胞的信息，真诚地试图遏制我们的破坏性倾向。他们会一直用外星人的幌子来伪装自己，将我们的注意力导向错误的方向，并导致我们问错了问题—— 我们一直没有实质性结果的问题。
>
> 2009年2月 雷德芬采访迈克·托尼

托尼补充说：

> 外星人接触者和被绑架者在描述"外星人"飞行器的内部结构时，往往都是电影中的场景。飞船的内部就像电影中从未使用过的奢华的布景。那么外星人表现得就像演员，在上演一部科幻大戏，只不过他们不会收取到访者任何费用。尽职尽责地表现出对环境恶化和核战争的担忧，但随便进行暗示，让这些所谓外星人的启示看上去更像假情报。
>
> 2009年2月 雷德芬采访迈克·托尼

换句话说，迈克·托尼就像美国宇航局的卡拉南先生一样，认为外星人接触者所说的长发外星人并不是虚构的生物。他们确实是来自地球的"外星人"。

绝密

另一个颇有争议的问题，也有必要在这里进行说明。迈克盖文的古怪遭遇造成了很大的影响，因为他在阿兹台克的哈特峡谷，看见了UFO的样子：巨大的黑色三角形飞船。

对许多人来说，在任何时候提到UFO这个词，都不可避免地在脑海中联想到飞碟的形状——自1947年以来，这种印象一直主导着大众文化，而这一切都是在那个夏天被编造出来的。然而，现实的情况是UFO的形状和大小各有不同。在近20年里，这种关于UFO的报告急速增加，人们见到的不明来源的飞船与迈克盖文在1973年10月见到的非常相似。他们被称为三角形飞船（Flying Triangles），简称FTs。对于一些UFO研究人员来说，三角形飞船就是高度机密的新一代军队的隐形飞机。但是，其他研究人员却不太认同这个观点。如果这些从20世纪80年代下旬开始出现的报告是真的，那么就可以充分解释，这个UFO谜团的新成员只是在内华达州沙漠某个地方的秘密机库进行飞行试验的飞机。然而，迈克盖文认为，神秘的无尾三角形飞船，看上去比这些研究者此前所猜测的要更加古老。

而且，迈克盖文的故事并不是唯一一份关于无尾三角形飞船的报告。例如，在现在解密的1965年3月28日的英国国防部文件中写到，目击者简要介绍了他的经历：他在前一晚看到了这种三角形飞船的舰队在英格兰北约克郡的沼泽地上空飞行。根据该文件，目击者杰弗里·布朗看到“9或10艘三角形飞船，每艘有100英尺长，下面有橘色照明灯，每个三角形的顶角都是圆的，发出很低的嗡嗡声”。

轻轻的嗡嗡声、三角形，以及飞船下面的照明设施，飞船的整体特征与迈克盖文在几十年后在世界另一端见到的几乎一样。在英国国防部的文件中，下面的案例是一个现代遭遇类似三角形飞船的完美案例，并引起了英国当局的关注。

机密

事件发生在1993年3月31日晚上，不列颠的无数目击者都看到天空中出现了很奇怪的光线和飞船，他们赶快联系本地的警察或国防部，报告遇到不明物体的详细信息。国防部收到很多不同的报告，最引人注目和可信的无疑就是直接来自现任军事部门的报告。尼克·波普，现已从国防部退休，当时负责这一案件的官方调查行动。我曾有幸在1998年3月就此事对波普进行采访，他为我提供了很多惊人的数据，包括此案的目击者，以及他就这件事得出的个人结论。

在英格兰中部的什罗普郡县，有一个叫做肖布里的皇家空军基地，目击者是位军事气象人员。整件事注定会对尼克·波普影响不小。

当我谈到肖布里目击者的事情时，波普对我说：

> 军方非常擅长测量飞机的大小，而且十分精确。目击者报告给我的大小，说是介于C-130大力士和波音747客机之间。这位目击者已经在皇家空军服役八年了，气象人员一般会比大多数人更能清楚地看见夜空中的东西。当然也有其他因素：他听到了令他不愉快的低频轰鸣，并看见那些飞船放出光束照到地面上。他觉得它有点像激光束或探照灯，光线非常迅速地来回摆动，还扫过基地旁边的地域，他推测UFO可能是在找什么东西。当时UFO的速度极慢，不超过20或30英里每小时，这本身就是不寻常的。根据他的描述，这些UFO并没有多少特色，只是一种扁平的三角形飞行器。
>
> 1998年 雷德芬约见尼克·波普

尼克·波普向我解释说：也许在1993年3月31日英国皇家空军肖布里基地的目击者事件中，唯一能确定的就是这种三角形飞船确实存在：

> 目击者说，UFO收回了光束，然后看上去似乎升高了一些。但是一刹那，UFO从大约20或30英里每小时的速度加速到数百英里每小时，甚至可能更快。它突然消失在地平线，消失的整个过程不超过一秒，而且没有发生音爆。
>
> 1998年 雷德芬约见尼克·波普

尽管国防部对事实展开了大规模的调查，但皇家空军肖布里基地的三角形飞船事件始终没有水落石出。对尼克波普来说，这是一个重要事件：

> 我不知道这是不是一个转折点，使我从一个怀疑论者变成信徒，但它无疑是一个关键事件。实际上，如果你要问我真相，我会说这是真实的故事，这就是外星生物。
>
> 1998年 雷德芬约见尼克·波普

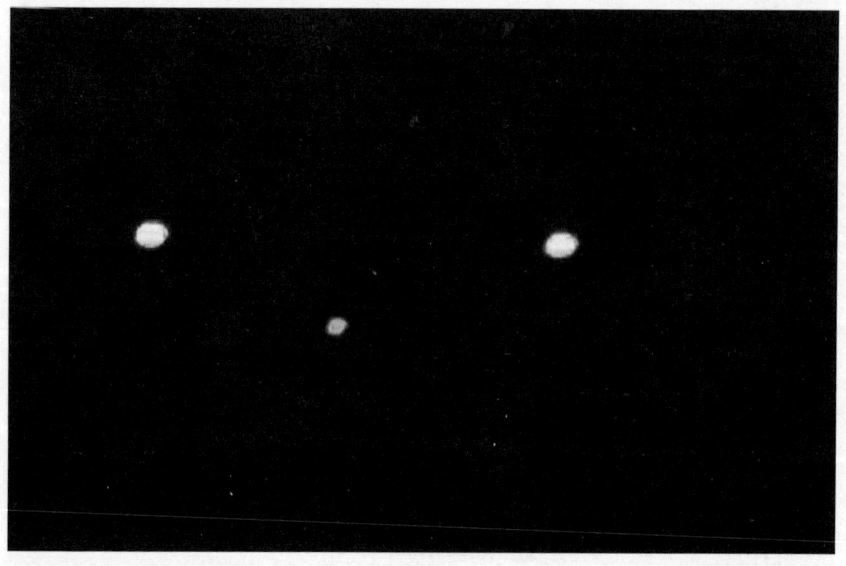

闪着光束的三角形飞船

秘密

关于波普认为三角形飞船属于外星事物的结论是正确的吗？或者是美国宇航局选择在暗中支持英国当局对三角形飞船的判断，让人们认为这些都与古代种族为了与人类竞争而进行的欺骗活动有联系？我们手中没有那些问题的答案，但耐人寻味的是，在1999年尼克·波普写了一本叫做《驯雷之童》的科幻小说，从国防部和英国政府的角度讲述外星人入侵地球的观点。显然，在波普的小说中，美国政府试图让英国相信，外星人都是尼安德特人的一个分支，真的在很久以前就藏在了地下，“有着复杂的社会结构和先进的技术。”

波普的书中写到，美国总统向英国首相透露，这些古人类“一直密切关注我们的发展，尤其是工业革命以来。但是我们这近一百年的进展让他们感到十分害怕”。当然，这些都很容易让人想起，所谓的外星人加翁在1973年10月告诉迈克盖文的事情。唯一的主要差异是，美国宇航局认为，外星生物欺骗和隐瞒了自己的真实面目，实际上他们是来自我们地球上的古代传说中的种族，而尼克·波普小说中的观点恰好与之相反：古代种族是一个用来掩盖存在外星人的事实而编造的故事。

绝密

这一切不可避免地引发几个值得注意的问题：尼克·波普作为前国防部不明飞行物调查员是否从美国朋友和官场同事那里听到一些谣言——有人认为，我们看到的外星人访客可能并不是来自遥远星系，而是来自地球的神秘种族。如果这是真的，他还会选择在他的小说中描述相反的事情吗？我们不能确定。然而，值得注意的是，我怀疑尼克·波普在一年前出版《训雷之童》这本书的目的，比起为大众提供一部娱乐小说，他也许更希望通过它来揭示真相。至少可以这样说，他的评论给了我们很多启发：

波普告诉我：

> 即使是你，尼克，我也不能对此发表评论。但让我们这么说吧：《驯雷之童》将变得比《开放的领空》、《封闭的思想》和《不请自来》更具争议性（前两个是波普分别在1996年和1997出版的，有关飞碟的纪实性书籍）。而事实上，国防部在这件事情上可能存在更多的问题。主要是因为这本书透露了军方真实的基地地点、真实的武器系统、真实的策略、真实的知识理论和真实的危机管理技术。它融合了UFO方面的知识和我们在危机管理方面的经验。我的这些危机管理知识是在海湾战争联合行动中心工作时获得的。
>
> 1998年 雷德芬约见尼克·波普

我继续问我的问题：鉴于你不会对现在流传的事情发表评论，所以你想通过《驯雷之童》用一个虚构的方式来揭露很多东西，而法律不允许你出版纪实性的书籍，这是否暗示幕后还有很多的事情发生呢？

他突然变得很不安，回答说：

> 嗯，探讨这些细节是非常困难的，但是我更倾向于认为，关于UFO确实有更多的文章。
>
> 1998年 雷德芬采访尼克·波普

基于所有我们在这章中已经了解的事情，我完全赞同尼克·波普。

第九章 火星脸

今天我们已知火星上有个叫基多尼亚的地区，它位于火星赤道以北10度，表面有一个巨大的、类似于人脸的“火星脸”岩石结构。它是在1976年7月25日由美国宇航局维京1号空间探测器第一次拍摄时拍到的，当时探测器正在沿着行星轨道运行。六天后，美国宇航局公布了这些照片，引起了公众的注意。从此“火星脸”为人们所熟知。

美国宇航局和主流科学界对这些照片的解释是，火星脸只不过是完全的自然地貌，是许多台式小山之一。整个基多尼亚地区一定还能够找到其他的类似物。

但是更有趣的理论是火星脸很可能代表一个已经被毁坏了的古老遗迹，类似某种斯芬克斯式的纪念碑，还有一个可能是由一个火星土著文明建立的，但现在已经灭绝很长时间了。在1987年，理查德·霍格兰曾对有关火星脸的争议进行了深入的探究，他指出与埃及的金字塔一样，能近距离看见火星脸的巨大构造。霍格兰的书《火星上的古迹》详细地讲述了他的研究结果，其中提

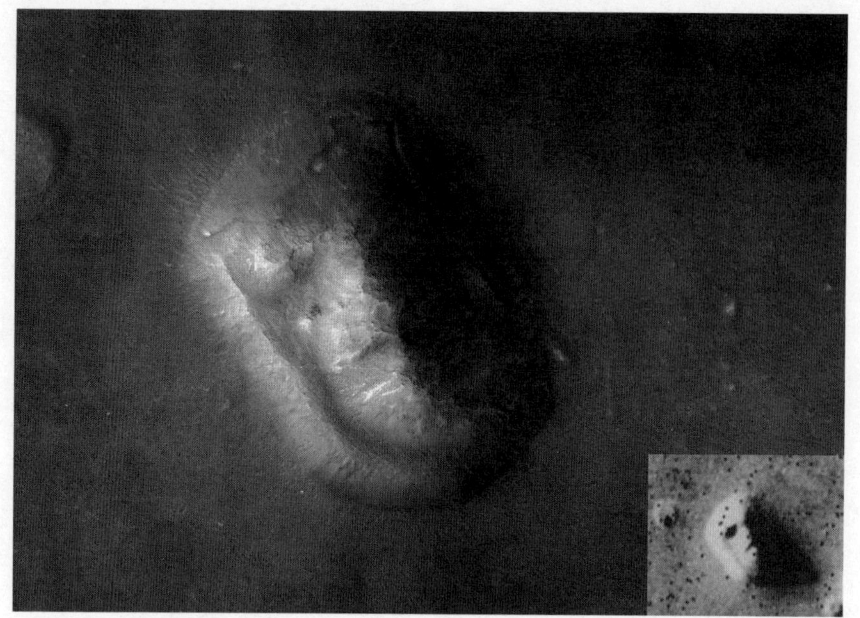

基多尼亚地区的火星脸

出，这类岩层构造可能为证明火星上曾经居住过智能生物提供进一步的证据。

1998年和2001年从美国宇航局火星探勘者号探测器和2002年火星奥德赛号探测器获得的照片，让许多曾经支持火星脸是一个古老的人工建筑的观念或理论的人感到失望。新照片看上去像任何东西却不像一张脸。立刻有阴谋论者质疑说，总是保持神秘的“他们”蓄意仔细地修改了照片，努力使它们看起来更像台形的小山而不是脸，这种质疑是不可避免的，也有一定的道理。几年后，这个争议仍在不断持续着。要完全理解并重视这种可能会引起轰动（或者用震撼世界来描述可能更好、更准确）的奇怪事件的本质，我们需要将注意力转向这些年一个特殊的人对火星脸争议的研究及评论。

绝密

与其他人相比，这个人对火星脸有着更深刻的理解和评价，他明白对火星脸研究保持毫不偏见的重要意义。他就是麦克·托尼，一位勤劳、充满热情、细心的研究员、演说家和作家，2009年10月逝世，享年34岁。他在2004年出版的书《火星的启示之后》，也许仍然是对这个极具争议和分歧的问题最合理、最权威的分析。我在2004、2005、2006和2007年的很多场合有幸采访到了托尼，并且我相信他有关火星脸的结论时至今日依然很有道理。

他对我说：

> 我天生就对是否有外星人感兴趣。当我发现实际上存在一个关于火星脸的研究疑问时，我意识到这是一个提升外星智能生命探索理论的契机。我们现在已有能力派飞行器去火星实地考察，这是非常令人兴奋的事情，它激起我内心对火星的强烈兴趣：地质、历史、气候等等。
>
> 2004年3月 雷德芬采访迈克·托尼

但是要在什么时候、要怎么样，并且在什么特殊的条件，这个研究才能真正开始呢？托尼中肯地回答："当美国宇航局放弃用技术手段遮掩火星脸真相的时候。"

他对我说：

> 美国宇航局实际上已经发现了火星脸，但是，火星脸被美国宇航局以只是公众的好奇心为由而掩盖了。火星脸必须要由独立研究人员来进行科学分析。最早吸引人们注意力的两个事物是同时被图像专家文森·特迪彼得罗和格雷戈里·莫勒纳尔发现的"火星脸"和"五边形金字塔"。
>
> 2004年3月 雷德芬采访迈克·托尼

第二张带有脸的图片被他们两个发现，那时他们已经供职于美国宇航局戈达德太空飞行中心了，托尼说：

但仅在几天后维京人号就成功地捕捉到了另一张图像上的火星脸。这更加支持了从多个视角来看，火星脸依然还是很像人脸的观点。这些由未知文明构建的非常古老的人工结构，被美国宇航局解释为只是地质构造使然（火星脸和其他的地形结构是自然地形），或许他们有他们不为人知的理由。

2004年3月 雷德芬采访迈克·托尼

维京人号火星车前臂及火星表面照片

采用比之前更高的清晰度，维京人号不仅证实了欧文和索芬指出脸部显著的相似之处，而且进一步看清了“嘴”的特征，还明显能看出第二个“眼睛”。不管怎样，美国宇航局从来没有实事求是地解释这张照片是否属因太阳光照射角度而引起的错觉，也从未进行调查。如果像脸只是一种错觉，那为什么要保留更多的最新图片？

但是不管是自然的还是人为的，火星脸表现出了被侵蚀和退化的痕迹，尤其是在东部，在一个巨大的、由碎片累积的夹层下，出现了近一英里长的崩塌。它的表面特征符合人工施工的迹象。最引人注目的，这个人脸的“眉毛”部位恰好位于一个独特的杏仁状盆地内。并且至少有一个“鼻孔”（在以前维京人号的图像中从来没见过），看上去像是平原。虽然它的起源仍然是一个悬而未决的问题，但是断然驳斥它的存在，是故意使火星脸不让公众关注。

2004年3月 雷德芬采访迈克·托尼

托尼进一步说：

事实上，就算将火星上存在一个现存文明的想法抛开，自从火星脸被首次拍摄以来，它也已经存在了数十年了。可悲的是，从科学角度来研究的机会已经被浪费掉，残留下来的一些错觉只是加深了阴谋主义者的“业务”兴趣。

2004年3月 雷德芬采访迈克·托尼

美国宇航局必须要对火星脸的争议和独立研究组织做出的各项结论给出解释，现在人们看到的结构到底是什么？这确实是一个值得深入的研究。

托尼回答说：

美国宇航局选择忽略现在存在的争议，或者说至少是在科学意义上存在的争议。自20世纪70年代公众知道火星脸以来，美国宇航局含糊回答人类“看到人脸”是作为人自身的本能，并且作了傲慢的反驳，但在火星脸的调查中没有做任何有条理的研究。总的来说，美国宇航局拒绝所有的努力。对主流的外星智能生物探索的理论家同样怀有敌意。事实上，火星脸（如果是人工的）如果确实“就在那儿”，那么外星智慧生物是如何将它展现出来的呢？为确定是否存在智能生命，搜寻无线电信号是个不错的方法，但是扫描邻近星球表面，对另一个文明来说，会被视为非常不礼貌并且是受到蔑视的一种行为。当然，一点毫无根据的“调查”反而使火星脸的一些支持者更加沉迷于此。

2004年3月 雷德芬采访迈克·托尼

托尼对有奇异外观的火星脸还有很多话要说：

主流怀疑论者通常用“幻想性错觉”的说法来反驳火星脸，这种幻觉是随机刺激大脑而形成的。揭露火星脸真相的人们对图片中肖像的描述是一致的。但是从稍微不同的角度来看，与人脸相似的显著地方消失了，取而代之的是一个明显的自然现象。当这个轮廓依赖最少的信息传达出一种神秘感觉的时候（轮廓暗示特征，如“鼻子”、“嘴”等），火星脸却在几个方面有着显著的不同。例如，火星脸显示的是一个正面的肖像，计算机模型揭示出，如果以站在火星表面的旁观者角度来看，显示出仍是一张显著的脸部轮廓，跟以俯瞰的角度来看是一样的。当然，这并不能证明火星脸就是外星智慧的产物，但它却将对这个问题的讨论进一步升华了，并不是如地质学家的那般解释。

2004年3月 雷德芬采访迈克·托尼

托尼还特别透露：

火星脸的高分辨率图像详细地显示出了早期照片中所见不到的细节。例如，天文学家汤姆·弗兰德伦很快准确地指出了它的特征，例如一个明显的“瞳孔”在其中一个“眼睛”里，还有“鼻孔”和“嘴”，所有这些都超出了维京人号的解像能力。这种第二脸部特征发生的几率非常低，它可以证明火星脸只是一个幻觉的观点是错误的。如果认为火星脸的确是风化的小山丘，这种想法岂不比未进行高精度地拍照之前人们所猜想的更

美国国家航空航天局
成立 40 周年纪念徽标

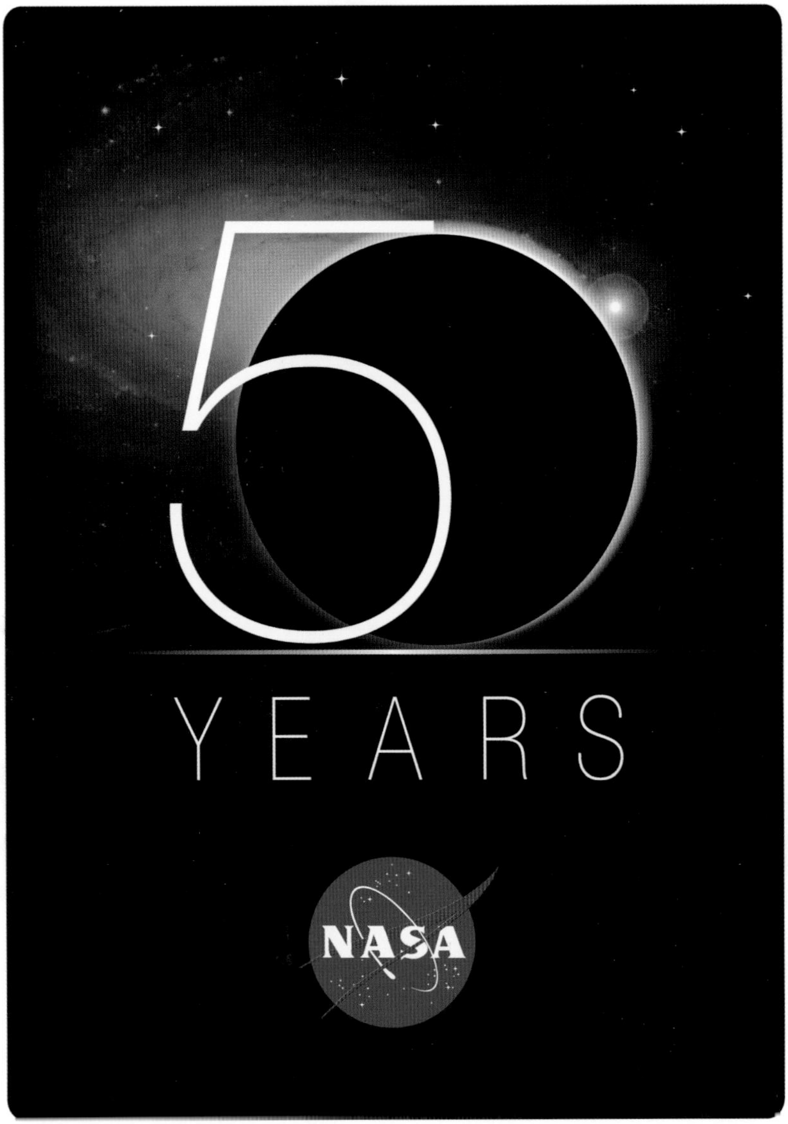

YEARS

NASA

美国国家航空航天局成立 50 周年纪念徽标

美国总统约翰·肯尼迪在莱斯大学发表关于太空计划的演讲

阿波罗 11 号三位宇航员（左起：阿姆斯特朗、科林斯、奥尔德林）

阿波罗 11 号指挥舱

WARNING
U.S. Air Force Installation
It is unlawful to enter this area without
permission of the Installation Commander.
While on this Installation all personnel and
the property under their control are subject
to search.
WARNING!
NO TRESPASSING
AUTHORITY N.R.S. 207-200
MAXIMUM PUNISHMENT: $1000 FINE
SIX MONTHS IMPRISONMENT
OR BOTH
STRICTLY ENFORCED
PHOTOGRAPHY
OF THIS AREA
IS PROHIBITED
18 USC 795

51 区的警告标识

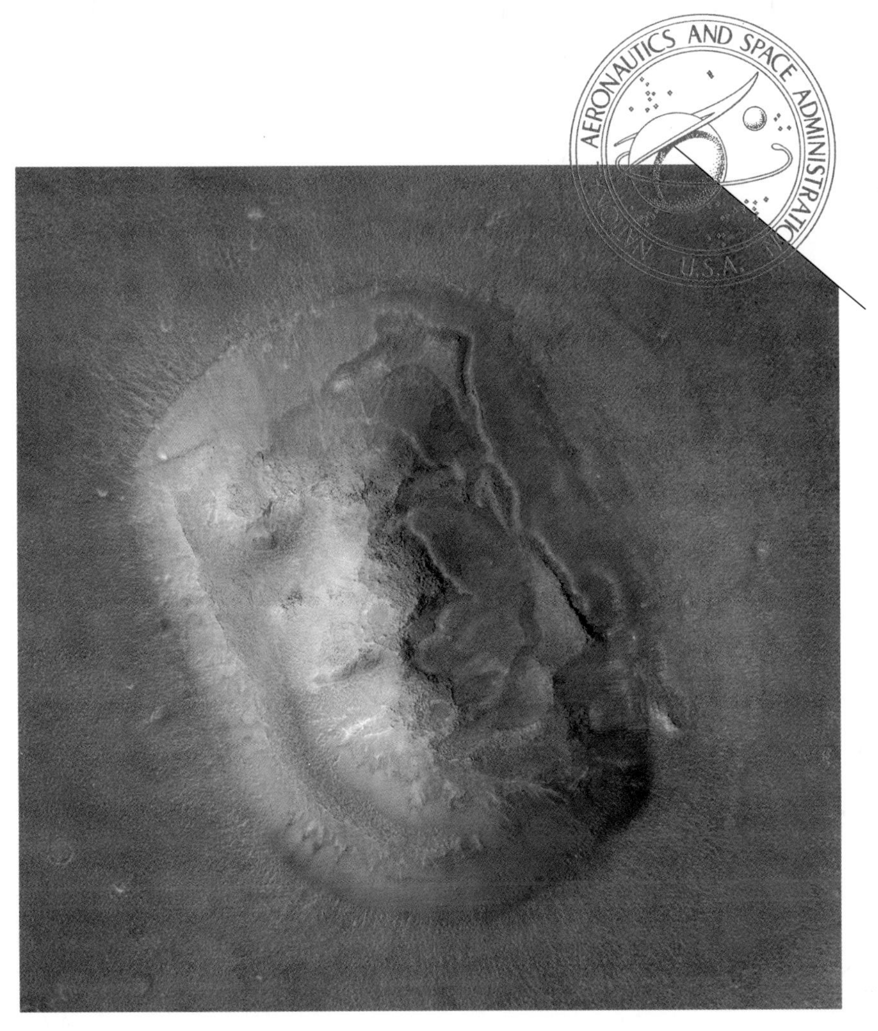

2001 年，火星全球探勘者号拍摄的火星脸出现明显的坍塌

哥伦比亚号航天飞机发射升空

为在哥伦比亚号事故中遇难的宇航员举行葬礼

为缅怀哥伦比亚号全体宇航员树立的纪念碑

天文学家卡尔·萨根与维京号火星着落器

由卡尔·萨根同名小说改编的《接触未来（contact）》是目前好莱坞所拍摄的科学含金量最高的真正意义上的科幻片，调查表明，美国有97%的民众相信影片所述的内容。

要神奇。实事求是地说，如果在地球陆地表面检测到了相似特征的地貌信息，考古学家极有可能将它评估为人造遗迹。

2004年3月 雷德芬采访迈克·托尼

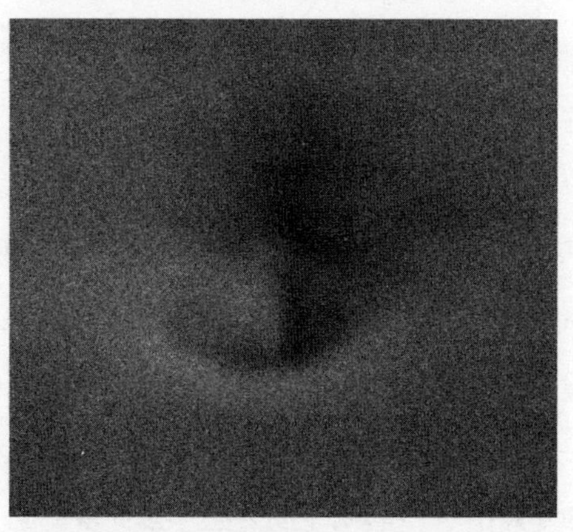

火星脸的眼睛，有清晰的瞳仁、眼睑的轮廓

托尼继续说到：

似乎火星脸永远不可能存在于被科学遗忘的世界。但是火星脸不会是孤独的，它和火星上其他具有同样特征的事物一样需要仔细深入地分析研究。合起来看，可能一个客观的观察者提出的问题会最终推翻我们对太阳系一些传统的观点与理论认识。

2004年3月 雷德芬采访迈克·托尼

如果火星上的这些结构（特别是这样巨大的脸）的确是人工的或半人工的，那么一个十分重要的问题就出现了：这些是谁建造的？是火星上的土著人还是一些很久以前起源于我们太阳系之外的古代文明来访者？在这件事情上，托尼有自己独特的理论和见解：

有可能复杂的基多尼亚地区以及火星上其他位置潜藏的建筑，都是由火星上的土著人建造的。火星在以前也许与地球非常类似。我们知道火星上有液态水。在我们的调查能力范围之内，可以证明火星上曾有一个社会文明并建造了建筑物，这是完全可以想象的。

或者，这些异常情况可能是星际探察的证据：这也许是某种群体的殖民地。但是为什么看起来这么像人类的脸呢？这是整个调查中最令人不解的地方。这表明人类跟火星之间存在某种联系，不幸的是我们的历史是不完整的，我们对生物学和进化论的理解可能会有巨大的变化。现在回想，我后悔没有在这本书上多花时间来关注这个很有可能性的事实：火星脸是陆地上一个消失的文明通过航天技术创建的。这可能是一个让人置信的想法，即使只是一个推测，它还是会引发许多争论。

2004年3月 雷德芬采访迈克·托尼

托尼自己到底是相信这些结构确实是人工制造的，还是认为这些奇特的形状完全是自然形成的呢？他的看法既引人深思又合乎逻辑：

我怀疑我们看到的是一个融合了自然地质特征和超大规模人工制作的工程。例如，火星脸可能是经过修改的天然小山脉，类似于地球上的一些石头雕塑，但这个是一个更大规模、更高技术的工程。

2004年3月 雷德芬采访迈克·托尼

托尼有更多的东西要告诉我：

当1998年美国宇航局对火星脸拍照时，揭秘者委婉地指出图片上没有“道路”和停“飞碟”的地方，试图以此作为依据判定图片是伪造的。但考虑到火星的年龄、地质历史及表面特征，诸如“道路”这样的事物将是人们希望能够看到的东西中的最后一个，当然，除非火星曾是一个喜欢地面建筑的活跃的外星文明家园。

2004年3月 雷德芬采访迈克·托尼

很久以前，由火星全球探勘者号飞船带回的火星基多尼亚山地地区引起争议的图像上，发现曾经被支持者们预测过的第二脸部特征，以前一直被称为是人工伪造的。当更好的摄像头拍摄火星脸时，就会发现与人类脸部相似的清晰细节。而在20世纪70年代初期维京人号拍摄的最好的照片中“眼睛”也是小得几乎看不见，显然关于它的形状和构造也是无从推断。

2006年9月 雷德芬采访迈克·托尼

所以在第一张火星脸的图像公布时，上面存在的一个看似完好的且明显的“眼睛”，为那些支持火星脸是人工遗迹的人们平反。最后，它验证了他们的预测。其他“第二特征”也被特别提到：唇状结构被广泛认为是“嘴”，也有人说是“鼻孔”或者其他的部位。然而，确实没有一个特征能证明火星脸就是外星智慧生物的杰作（不用说这是美国宇航局广泛运用的遮人耳目的手段）。存在一种可能，即火星脸和它附近的其他异常情况，是美国宇航局公关人员用手段想要掩盖的一小部分而已。直到今天，美国宇航局也没有进行科学调查来支持他们的观点：在基多尼亚地区的特殊结构完全是自然形成的。宇航局承诺可能会合理地参考考古学家的意见，这些考古学家提出要使用在地球上广泛运用的、用来探测潜在遗址时使用的遥感技术。

2006年9月 雷德芬采访迈克·托尼

补充一个能引起人们好奇心的想法：火星表面绝对有智能生物。托尼说：

> 火星全球探勘者号得到了一些异常的图像，图像上一些事物看上去像是有组织的样子。科幻作者作家C·克拉克确信火星上有大型生命的迹象，并且强烈地批评了当局的保持沉默。他最令人瞩目的一个论点就是火星南极上存在“榕树”。和他一起合作的火星研究员格雷格·奥尔梅告诉他，图片上看到的火星南极附近的“黑蜘蛛”（美国宇航局的说法）其实是“榕树”。更重要的是：火星有水。在火星地下发现了冰冻的水。如果我们融化了所有的冰，整个火星将覆盖与我们脚踝一样高的海水。我预测我们还会找到更多的水。
>
> 2004年3月 雷德芬采访迈克·托尼

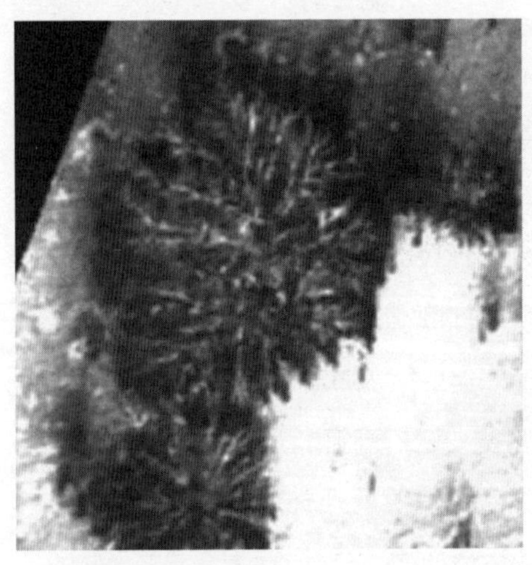

火星全球探勘者号拍摄的照片显示
火星表面有形似树或灌木的东西

火星全球探勘者号

事件陷入更深的、更加复杂的争议中，托尼说道：

> 在火星脸附近有一些所谓的金字塔结构和地球上知名的金字塔的外表有些相似，例如埃及的金字塔和狮身人面像。这已经成为了非常神秘的东西，并且我同意神秘事件研究人员的观点：火星和地球的信息之间存在某种联系，这应该得到重视。但火星上的建筑结构比地球上的建筑要大得多。这表明了一个重要的问题：它们是智能化的设计。据我所知，理查德·霍格兰是第一个提出基多尼亚地区的特征可能是人工的“密集建筑”（根据建筑形态学），可是建造这些房子的文明因为环境变化的原因已经撤退到地下去了。
>
> 2004年3月 雷德芬采访迈克·托尼

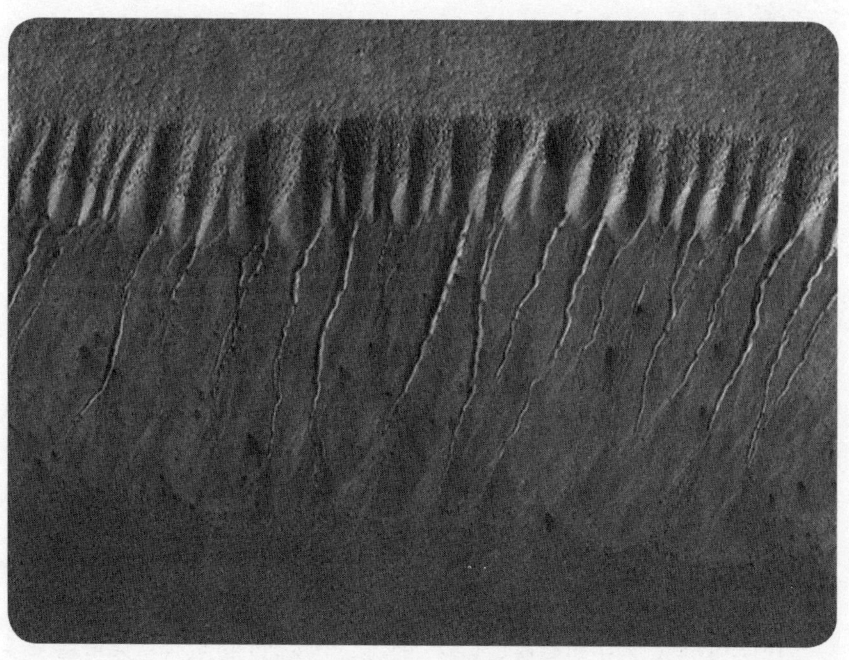

火星表面照片 液态水存在的证据

如果火星曾经是和我们地球一样的智能生命的家园，而且美国宇航局偶然发现了那里存在神秘的大脸形状的智能生物，那么，它是怎么由一个繁荣的星球因为一场灾难而变成一个我们现在见到的毫无生气的、满是尘埃的世界的呢？而且，更重要的是这个文明遭受了怎样的悲剧性结果？托尼对这些特殊的问题有着一些有趣的想法：

> 天文学家汤姆·佛兰德伦曾经指出火星以前是第十行星的“月亮”，但那颗行星在遥远的过去就爆炸了。如果是那样的话，那么，爆炸严重影响了火星，可能使得它无法适宜居住。这是一个相当悲剧的情况。另外一个理论是火星的大气层被摧毁了，因此造就了巨大的海拉斯盆地。这两个想法都是相当极端的。大部分行星科学家认为火星在慢慢地“死亡”。爆炸学说并不是简单的感知认知方式，尽管证明这些东西的证据比我们想象中的要多。
>
> 2004年3月 雷德芬采访迈克·托尼

在火星脸的研究界，关于火星脸到底是什么，有开明的见解，也有带有偏见的见解，托尼说：

> 令人失望的是，这已经发展成为一个非常重要的“我们vs他们”的问题。对此，我对双方都予以谴责。揭秘真相者忽略了坚实有力的研究也许会削弱他们的观点，而支持者通常又都相当自负地认为美国宇航局和其他机构完全错了，或者说更糟的是，他们还积极掩盖了事情真相。
>
> 2004年3月 雷德芬采访迈克·托尼

迈克·托尼认为宇航局肯定隐瞒了什么，所以他们才会否认火星脸的存在，同时也否认外星生物所建造的建筑，但是这又能说明什么？

当局在1998年发布的第一张火星全球探勘者号拍摄的火星脸照片时，他们选择将图像先通过滤波器做模糊化处理，托尼解释说："这样做是企图减小公众对这个事件的兴趣，宇航局决定对此不予以理睬。所以，这里面有隐瞒的事情。但从大众角度来讲，任何人都有权调查此事。我猜想也许还会有更邪恶且无休止的掩盖事实的手段，但事实上，探测器却继续传回高分辨率的图像。"

2004年3月 雷德芬采访迈克·托尼

托尼谨慎地强调：

推测是有效的工具，甚至一些适当的妄想也是有效的。但我们需要保持在可核实的范围之内，以免我们被主流媒体说成是传播阴谋的滑稽小丑。

在对待这种情形或者这种外星智慧生物是由什么形成的问题上，我们的态度还十分狭隘。关于外星生物，我们大部分人都被允许知晓学术专家的猜想，这让我们很兴奋。我认为，火星基多尼亚区域中的有些构造可能是人工的。而且我想，只有发射载人飞船登上火星，才能将这个争论终止。经验丰富的考古分析学家会被授权参与这个调查任务。

2004年3月 雷德芬采访迈克·托尼

我们已经确知，来自轨道卫星的图像不会为那些伪造的借口提供证据。我们没有所有问题的答案，但答案都在我们能够查明的范围之内。我们可以继续人云亦云地重复说出由怀疑论者提供的'答案'，或者我们可以继续保持客观、谨慎的研究，但是我们知道现实很少向我们所喜欢的方向发展。火星脸没有被遗忘。我们还可以做一个更大胆的声明：如果我们在今后的十年内还没有最终确定火星是否有生命存在，那么也许不用调查了，也许它们并不存在。这不一定是因为它们不存在，或者这只能说明我们没有尽全力去探查罢了。

2005年6月 雷德芬采访迈克·托尼

不能低估麦克·托尼这番话的重要性。他是一个愿意以全新的、无偏见的态度来研究关于火星脸争议的人。经过深度分析，他观察的结果指明了一些较显著的脸部特征，例如有一个鼻孔和一个眼睛存在（出人意料的是，眼睛中包含一个像虹膜一样的东西），这为人工遗迹的说法提供了有力的证据。不仅如此，托尼还做了非常重要的陈述，他指出，诡异的火星脸的外部建筑和其附近可见的金字塔式结构集合在一起，可能是一个很古老的暗示，暗示火星脸的创造者和我们起源于同一个物种，但由于遗忘很久了已经无法查清。

换句话说，在谈到关于火星脸这个难解的宇宙之谜时，麦克·托尼留给了我们很多精神财富。我们努力争辩，甚至去否认一个千万年前曾经繁荣但后来衰落的文明，而那时的我们，比野蛮、凶猛的动物还要弱小。

第十章 UFO坠落

20世纪70年代后期见证了美国宇航局牵扯进的UFO坠毁事件的数量是前所未有的（当然，是据我们所知）。确实，整个1978、1979两年里，美国宇航局的活动和UFO的坠落事件几乎是同步的了。其中，在这个领域中具有相当重要意义的一个事件，发生在1978年5月的玻利维亚，虽然有一份很有趣的由各个机构（中情局、国防部和宇航局本身）共同完成的官方文件做支持，但直到今天，事件仍然是神秘且令人困惑的。

1978年5月，一个叫做抵制UFO保密（CAUS，www.caus.org）的美国本土研究组织开始对合众社报道的一条耸人听闻的消息进行深入的调查。报道称，一艘外星飞船坠落在了玻利维亚的某处。不仅如此，更有传言称美国宇航局与这一神秘事件的调查有着很大的关联。

合众社报道这件事两天之后，CAUS联系了美国宇航局，试图得到现场亲历者的评论，同时希望对那里究竟发生了什么，有一个更好、更清晰的认识。然而有趣的是，据美国宇航局的通知称，国家宇航局公共事务部似乎突然间遭遇了一场传染性极强的急性禽流感的袭击，导致他们的发言人一个个地都被宣称在家养病无法出席，所以也都无法发表评论。最后，美国宇航局公共事务部官员肯·莫里斯的助理黛比·瑞恩似乎没有“生病”，她在这件事上提供了一些有用的帮助。

瑞恩告诉CAUS，从宇航局公共事业部得到的消息来看，可以确定的是，宇航局并没有派人去玻利维亚做过调查。瑞恩自信而坚定地断言合众社的报道是失实的。后来，她将一位当时供职于国防部的罗伯特·艾丁顿上校介绍给了CAUS。艾丁顿在与CAUS的谈话记录中说：

> 美国宇航局接到了很多询问，并且立即联系了我们。也有一些我们内部的人员看到报道后就主动询问情况。而我们没有第一手的资料信息，因为事实上这个项目并不存在。
>
> 1978年5月 CAUS

艾丁顿同时也承认，他本人接到过一些关于神秘的椭圆体或立方体的报告，他推测那些很有可能是某种“升压机产生的近球体氢氧泡”。然而，他也承认“直径四米的气泡是不算小”。艾丁顿还透露给CAUS，他的部门也是国际环境和科学事务组织海洋局的一部分，并且“一直在关注着某些不明飞行物”。

尽管那些被CAUS询问过的跟美国宇航局有关系的人都宣称自己对玻利维亚的事不知情，一批进入公众视野的官方文件却清楚地表明玻利维亚的确发生了非常奇怪的事情——而且宇航局正从各个部门那里了解事件尽可能多的信息。

这一X档案事件最早是在美驻玻利维亚首都拉巴斯大使馆发给国务院的电报中被披露出来的，电报是在1978年5月15日发给首都华盛顿的国务卿的。2009年，这份电报的拷贝被宇航局公之于众，清楚地表明宇航局从一开始就了解这一事件。

据标题为《太空物体坠落的报告》的一份文件透露，美国当局注意到了玻利维亚报纸上的一些报道，并从中了解了一些基本的信息，如“不明物体”、“最近从天空中落了下来”。更进一步的是，从宇航局得到的文件显示玻利维亚国内媒体报道了更多的消息：一个特殊的传言说一个飞行物被发现坠落在玻利维亚的波贝尔梅霍城附近，它类似鸡蛋的形状，外壳像是由某种未知金属建造的，直径大约13英尺。宇航局又进一步获知了玻利维亚空军高层野心勃勃的计划启动对该设备的深度研究，试图了解它的来处。也许报告中最重要信息的是国务院给宇航局的建议，“过去的一周，公众已经接触到了关于UFO的报道，要尽快给外界一个答复”。

美国国务院不是唯一一个私底下对波利维亚事件有兴趣的政府机构，一份同样是产生于1978年5月15日的美国中央情报局的报告就清楚地说明了这一点。值得注意的是，那份中情局文件的拷贝同样在2009年通过宇航局解密。换句话说，宇航局当时是一边密切关注着中情局的发现，一边注视着国务院的相关工作进展，包括获得如下情报：

> 玻利维亚的大部分人都声称他们看见了足球大的球形物在阿根廷-玻利维亚山脉坠落，坠落时地面都震动了。事情发生在5月6日。
>
> 1978年 中央情报局

中情局向宇航局报告的内容呼应了美当局的言论，“那段时间一些圣路易斯和门多萨的目击者见到了飞碟在编队飞行。”中情局还断言，那颗“人造卫星”（之后被如是称呼）坠落在了玻利维亚泰尔山上，并且已被波军方找到。另外据相关人员报告称，各种迹象显示正在发生的是一件十分重要的事件：最新消息还透露卫星坠落的地区已经被玻利维亚政府划为紧急区域。

同时，另一份来自宇航局档案中的中情局报告也提及了坠落事件，并在此基础上提供了重要数据。1978年5月16日标题为“关于坠毁飞行器报告之间的细节冲突”的文件突出了这样一个事实：中情局正在尽一切努力去搞清楚这一事件的性质和重要性，并且宇航局是处于这一论战的核心位置的（尽管宇航局说法与此相反）：

> 我们接到了另一个对玻利维亚靠近阿根廷边境不明飞行物坠落事件的确认请求。我们只知道阿根廷和乌拉圭电台对该事件的报道甚至比玻利维亚还要频繁，它们称玻利维亚政府已经向美国宇航局紧急求助，希望确定境内坠落物的性质。
>
> 1978年 中央情报局

中情局还称就在最新事件进度公告前的几分钟，乌拉圭蒙得维的亚省的Radio El Espectador电台新闻频道发布了一则消息，内容涉及坠落事件，但在事情的合理程度上与玻利维亚方面的说辞存在一些冲突。中情局从可靠的阿根廷消息处得到了准确的信息，并很快转达给宇航局，消息称：

> ……波边境已经被关闭，但可能很快就会再重新开启。他们还报告说一个不明飞行物坠落在了玻利维亚靠近阿根廷的边境地区，玻利维亚当地政府已经请求中央政府的援助，而后者则转而求助美国宇航局来调查此事。
>
> 1978年 中央情报局

也许最有意思的一点是玻利维亚和阿根廷在互相讲故事绕着圈子，假设不只是玻利维亚当局非常有兴趣探索更多关于这一未知设备的性质和来源：

地方政府出于安全的考虑，已经划出了200公里的隔离带。坠物据说是一个直径四米的金属设备，并且已经被带到了塔里哈。这些信息尚待验证，但很快已经传遍了整块大陆，尤其是玻利维亚和它的邻国。

1978年 中央情报局

中央情报局对此询问宇航局：

“它是一颗卫星，一个陨石，还是一个假警报？”

1978年 中央情报局

1978年5月18日，美驻拉巴斯使馆人员又一次向国务卿发送机密等级的电报。这份电报同样与宇航局共享，也再一次反映出许多美国官方情报机构想得到玻利维亚事件的真相和事件的全景图像，并且想知道坠落物到底是什么。

六天之后，一份从位于拉巴斯的美国国防部随员办公室发出的电报指向了多个美国军方和政府机构，其中包括美国宇航局、北美防空司令部、美国空军和国务院。这份电报的内容也很有趣：

本办公室致力于验证当地报纸报道故事的真实性。玻利维亚空军总参谋长说曾派飞机到达不明飞行物坠落的那一地区，但是在搜寻中一无所获。玻利维亚军队指挥官还说，派去的地面部队去那一区域搜寻，也没有找到任何东西。军方发言人称不敢肯定是否存在那个飞行器，但至少目前没有找到。

美国国防部办公室 玻利维亚 1978年

绝密

那么，1978年5月的那一天到底发生了什么？从宇航局公开的美国政府记录来看，很可能确实发生了很奇怪的事情，并且毫无疑问地引起了美国整个情报界的极大兴趣。然而让人失望的是，这些文件中引出的问题比它们能够解答的还要多，而且它们提供的也通常只是揭示一些官方看法和其与UFO事件的关系而已。

考虑到如下事实：中情局给宇航局的报告中清楚地显示了飞行器坠落地点是在玻利维亚的泰尔山附近，并且已经被玻当局找到了。第二天，中情局进一步了解到飞行器已经被送到了塔利亚。而与此形成强烈反差的是，玻利维亚陆军和空军都向美国国防部随员办公室宣称他们在那一地区没有找到任何东西。美国宇航局和中央情报局是否都被玻利维亚政府给骗了？还是玻利维亚军方在有意向包括宇航局在内的美国情报机构隐瞒真相？带着这么多的疑团，故事当然不会就此结束。

到了1978年6月，CAUS找来了令人尊敬的UFO专家和研究人员鲍勃·布拉特来了解情况，布拉特是国际研究受损不明飞行物的权威人士，他们被派往玻利维亚进行专门的调查。因为这一事件还没发生多久，所以还可以进行比较深入的调查。当布拉特到达当地后，他很幸运地找到了几位玻利维亚目击者。目击者报告称，看到那个不明飞行物在最终爆炸并坠落之前曾在空中进行了一连串高难度的飞行动作。根据布拉特得到的消息分析，当时发生了两次爆炸：第一次是非常巨大的爆炸，在80英里之外都能听见；第二次则比第一次小了很多。布拉特还透露，他曾亲自飞到疑似坠机地点，那里到处都是崩坏的岩石，坠落造成的痕迹清晰可见。布拉特本来已经有足够的证据给报纸写一篇报道，说明不明飞行物确实坠落在了玻利维亚，但在6月19号，报纸的一名编辑决定不刊登他的文章。

两个月后，CAUS发现了更多关于神秘坠落事件的资料：

> 从CAUS掌握的情况来…… 一支由玻利维亚陆军士兵和科学家组成的探险队……5月21日从可能的坠落地点回来。CAUS从一位美国线人处得到可靠情报，称这支探险队并没有去预计的坠毁地点布拉沃山，因为山坡太过陡峭而无法翻越。
>
> CAUS 1978年8月

之后，返回的探险队中一位玻利维亚天文学家注意到了巴西空军飞过布拉沃山时拍到的一处岩石坍方，这使他相信这是某个物体撞击到了山的一侧而导致的山体滑坡。而这很有可能正是鲍勃·布拉特最先找到的那处岩石受损的证据。

5月23日，三名非官方指派的军事人员决定探究一下事件背后的真相，并且在48小时之内找到了事发地点。尽管现场没有任何外星装置或外星人，他们还是能够确认那条300英尺长的撞击沟，无疑说明有一个神秘的物体曾以极大的力量撞到了地上。

不明飞行物研究者劳伦斯·弗西特和巴里·格林伍德的评论相当地公允：

> 想要从政府那里得到一份像玻利维亚事件这样的事件报告，通常是一件令人沮丧的事，因为当局总是很不情愿给予全部的阅读权限。
>
> CAUS 1978年8月

不过，从积极的方面看，其他消息源有时也可以为这种有趣的事情提供有用的信息。例如1979年6月，一位前美国情报官员伦纳德·斯特瑞费尔德从一位名叫尼古拉斯·奥贾德的阿根廷研究人员那里得到了一些具有巨大潜在价值的情报。奥贾德告诉斯特瑞菲尔德一个流行的传言："一群研究人员在那一区域神奇地失踪了。我真的认为萨尔塔省发生了什么大事。美国宇航局进行调查，但是没有任何消息。我得告诉你，在玻利维亚的拉巴斯，有一架巨大的

C-130大力神运输机从不明飞行物坠毁的那一地区运走了什么东西。”

另外，斯特瑞菲尔德通过仔细地研究揭示了更权威的事实，中情局情报员鲍勃·巴里证实了C-130大力神运输机的确进行过那次飞行，而他作为中情局的密探，就在那架飞机上。当他被巧妙地问到机上的货物是什么的时候，得到的只有一个简短的答复——“无可奉告”。

时至今日，三十多年过去了，1978年5月玻利维亚事件的真相，以及宇航局在当时的调查情况，仍然还是一个谜团。不过故事却并不止于此。一年以后，也就是1979年，宇航局仍在玻利维亚核心地区密切监视着空中的动静。

机密

根据《信息自由法》的规定，我向美国政府、军队和情报机构进行了一系列申请，询问1978年玻利维亚事件是否还有其他宇航局感兴趣的信息，我收到了关于宇航局的大批报告，报告来源于国防部。其中一份报告显示，1979年（特别是在8月）在玻利维亚的圣克鲁斯区域发现了大量的奇怪物体。与之前一样，这些资料被宇航局限定只能在其高层之间传阅。

尽管没有直接证据说明之后的事件跟1978年那次事件直接相关，并且一样能引起宇航局和中央情报局的兴趣，但是之后发生在玻利维亚太空的更多异常活动证据，还是引起了宇航局的极大兴趣，至少值得宇航局对其进行详细审查，并发表评论。国防部交给宇航局的资料中，有一个简短的概要报告：

> 在下午的晚些时候（1979年8月8日），大使馆这边接到消息称一个奇怪的物体在玻利维亚圣克鲁斯附近的一处农场被找到。消息来源称，那件物体直径大约70厘米、周长2米，一侧有一个洞，外面有大约1.5英寸厚的金属外壳。后来，这个物体被描述成“大约三个篮球大小。”
>
> 斯特林菲尔德《不明飞行物坠落全书》

第二份报告是在宇航局的档案中，它提到这个事件发生后不久就得到了美国政府方面的重视。就在同一天，还有第二个物体坠落到地上，不过这次是在圣克鲁兹城北部125英里的农田里。有点神奇的是，这个不明飞行物并不是坠毁，而是在简·塞维德拉的土地上平稳地着陆，塞维德拉说他不只“听到一声巨响，然后看到爆炸之后产生了一个火球”，还“看见一个无声的发出三道光的飞行器飞过爆炸区域”。

秘密

仔细阅读宇航局的文件就能发现，他们采取的主要方式是保护好收回的资料和做好记录工作。宇航局的记录显示他们拍摄了大量的彩色照片，并给坠落现场和周边环境录制了视频影像。

当然还有很多问题有待回答：这些球体来自哪里？那架飞过坠落地点发出三道光线的飞行器是什么？它又从哪里来的？还有，其中一个神秘球体成功着陆而不是坠毁，这需要多大的努力才能办到？也许在国防部（宇航局也有拷贝）的那些图片和影像中可以找到答案。有趣的是，尽管我们已经确定宇航局收到了那些照片和影像资料的全部拷贝，但似乎这些珍贵的资料立刻就从宇航局和国防部同时消失了——这倒是呼应了发生在1965年宾夕法尼亚的凯克斯伯格事件，大家可以回想一下。

英国国防部 徽章

绝密

不过故事依然没有结束。这些年来，由于根据信息法案要求美国政府情报机构分享信息，我已经习惯于收到各种带有官方徽章和邮票的信封和包裹。而在针对1978年和1979年玻利维亚坠毁事件的档案请求，发来的信件上却都有一个我没见过的小徽章。经过仔细的查看和一些调查，我发现这个徽章其实是属于英国国防部下属的位于伦敦白厅街的国防情报处。

尽管我出生在英国，可在宇航局文件浮出水面时我已经住在美国了。因此，我想知道，究竟波利维亚事件有多么重要，使得它竟然被列为这么高级别的机密。为什么我根据《信息自由法案》发出的查阅文件的请求会被转发到英国国防部？是否有这种可能，正如美国宇航局和美国国防部一样，英国当局也在某种程度上被牵涉到了1978-1979年的波利维亚事件之中呢？而这简直跟坠落事件本身一样神秘，值得我们思考。可惜我们还没能搞清楚美国宇航局和英国政府的这种特殊联系。

机密

从一位英国内政部前雇员那里传出了一个非常有趣的故事，据说美国宇航局的高级雇员一直与他们的英国同行就坠毁不明飞行物事件进行秘密的合作，也许已经进行几十年了。1996年，一位英国海关机构的前特别研究员马修·威廉姆斯给了我一份英国内政部档案—— 原档案写于1979年，标题为“存在辐射危害的卫星事故”，这一文件曾被发放给英格兰威尔士的每位警长、救火队长和村长，类似的文件在苏格兰也被发放给官方人员阅览。

对档案的进一步检查，清楚地表明了英国内政部决定在如此大范围内传阅这一机密文件是由于（至少表面上）12个月前发生的事件，摘要如下：

> 鉴于1978年1月24日在加拿大的核动力卫星坠落事故，应着手考虑在全英国范围内为处理这类事故准备应急预案。

内政部判断一颗核动力卫星坠落在英国岛内的可能性是相当小的。然而，他们很明智地意识到“这一特殊考量影响着核物质的使用，以及制定相关的安全标准来应对此类事件”。

尽管乍看上去这一文档摘录仅仅关注报废的空间人造卫星所能引起的威

胁，但当时供职于内政部的彼得·杰弗里斯却不这么认为。杰弗里斯肯定地宣称这份文件是“根据政府某些最高层制定的并得到美国宇航局同意的指导方针”，它是有着不可告人的动机的。他解释道：

> 的确，这份文案是为卫星有可能撞击英国而设计的—— 例如太空实验室撞击英国这样的事件。但那只是个幌子罢了。这项计划是在掩饰英国和美国宇航局正在搜寻坠毁不明飞行物的行动而已，只是他们拿卫星坠毁做幌子。在内政部搜索坠毁卫星行动的背后，你可以发现那其实就是一部探索坠毁的UFO史，美国宇航局也在同一时间参与了这项行动。我只能透露这么多了。
>
> 2007 年 雷德芬采访彼得·杰佛瑞

每当被问及此事，内政部的代表都予以否认并认为这简直是无稽之谈。当然，如果杰弗里斯说的是事实的话，他们也会这么说的。

另一个需要牢记的问题是：有种流行的观点（也许是无意识的）认为能来到地球造访的外星生物应该是无所不能的了。但根据已掌握的文件所揭示的那些不明飞行物坠毁的记录来判断，我们的外星客人和他们飞船也是会犯错误的。他们很容易失误，做出错误的判断，甚至对机械、科学和技术的掌握和我们一样存在缺陷。换句话说，如果有一天外星智慧生命被证明对我们人类怀有敌意的话，我们至少还有一线机会能与之一战。

第十一章 失事的航天飞机

美国宇航局在对1982年进入太空的航天飞机的介绍中写道，这架航天飞机已经在前一年进行了最初的测试，这对太空旅行和该机构在这一超凡领域所取得的主导地位来说，无疑都是革命性的事件。但是，纵观整个太空发展史，航天飞机计划带有明显的阴谋气息。其中，大部分围绕在1986年挑战者号和2003年哥伦比亚号的灾难性损失方面。最早的例子是有关著名的名叫卡尔·萨根的人的。

他1934年11月9日出生于纽约的布鲁克林。在美国宇航局旨在探索太阳系行星的一些非常重要的项目中，萨根勿庸置疑是主要的发起者之一。并且，他因对太空探索方面的贡献，获得了多项荣誉和奖励。他获得过美国宇航局卓越科学成就和杰出公共服务奖章，还获得过美国宇航局的阿波罗成就奖。也就是说，萨根不仅是一位杰出的科学家，更是一位真正富有远见的智者，他在外层空间研究领域是位不可或缺的专家。

萨根因电视剧《宇宙》以惊人的速度变得十分受大众欢迎，剧中将现代科学、科学小说和娱乐大众等因素结合在了一起。1998年，萨根的小说《接触》一鸣惊人，并被拍成了同名的好莱坞电影，由演员朱迪·福斯特和马修·麦康纳主演。

2000年，令他的大多数朋友和同事非常惊讶的是，萨根参与了一个非常不寻常并深具争议性的秘密项目。在20世纪50年代后期，项目计划推出全副武装的空间核武器，并让它在月亮背离我们的一面爆炸（或者，有些人喜欢叫它黑暗的一面）。他从事的秘密项目被称为A119，并曾被宣称是无害的。物理学家莱纳德赖·费尔博士在20世纪50年代末期开始负责该项目，他披露了其中的细节，并解释说，对外宣称的“爆炸”不过是一种公关手段罢了。也就是说，这个项目用到了任何可以使用的科学技术。项目中的原子弹爆炸，相比于对20世纪50年代世界人民产生的巨大心理影响来说，显得更引人注目。

在美国空军中有影响力的主要人物，试图确保爆炸可以让地球人看见，而且最重要的是，让苏联政府、克里姆林宫内的高层领导和俄罗斯军方高级人员得到这种信号。项目A119最终得到了有意义的成果，美国有力地展示了自己在外层空间领域高人一筹的军事、科学和技术优势。但是，历史已经证明项目A119最终被搁置，其原因就是在太空发射核武器太危险，而且一旦它返回地球就存在真正的风险，并且可能会造成灾难性事故，那些具有放射性的爆炸物可能会摧毁地球。

有关这些外太空的高度机密和密谋计划，并不是卡尔·萨根和政府唯一一次合作。20世纪80年代初，萨根得到了一份33页的联邦调查局秘密文件，并且参与了调查。之后，他参与了一个很奇怪的事件，事件主要是有关美国宇航局哥伦比亚号事故的。1983年11月16日，负责俄亥俄州克利夫兰的联邦调查局特工，向华盛顿办公室报告了对卡尔·萨根带有恶意的生活和工作的调查。以下为克利夫兰办公室给联邦调查局局长的一个简短备忘录中的记录：

> 1983年11月15日，在纽约伊萨卡岛康奈尔大学空间科学大楼的卡尔·萨根博士收到了两页信，信封地址栏上写着俄亥俄州克利夫兰，邮戳日期为1983年11月10日。信上说希望通过萨根这样一个有影响力的人，来说服那些报纸和出版社，让它们相信消息的真实性。消息和附信都来自一个叫做斯普林菲尔德的人。
>
> 卡尔·萨根的联邦调查局文件

这封信是由神秘的斯普林菲尔德寄给萨根的，内容非常简短，但极不寻常。它读起来像狂野的科幻故事：这封信的开头写着，“消息十分重要，我要确保你在1983年11月22日之前收到。因为你的社会地位，所以我才选中你。我相信你是个正直的人，有能力说服别人相信，这消息是真的。”自那时起，萨根得到的情报越来越糟。

斯普林菲尔德说我们将面临可怕的局面：“公开信向所有人发出警告！世界末日来了！”1983年11月22日，斯普林菲尔德告诉萨根，恐怖分子会在圣萨尔瓦多的一个仓库或一个为贫困人口提供免费食物的市场引爆炸弹，但实际上这是为了转移人们的视线，他们真正想袭击的是燃油储存库。但是，斯普林菲尔德突然转到了一个与之完全无关的话题，他说，如果哥伦比亚航天飞机的下一次发射继续如期进行，火箭会因为“燃油泄漏”而发生灾难性的爆炸。而更糟的事情就要发生了，斯普林菲尔德声称：1985年5月中东将会爆发战争，而以色列是唯一的胜利者。

斯普林菲尔德还做出了另外一个奇怪的预测：

> 1996年，美国总统顺序将是里根—布什—布什，然后1996年由一位民主党人接任，他的生日与我们第一任总统的生日相同。他将会是我们的最后一位总统。
>
> 卡尔·萨根的联邦调查局文件

斯普林菲尔德继续一系列的预测：

- ▶ **1990年波兰将独立。**
- ▶ **纽约和旧金山将很快被海洋吞没。**
- ▶ **第三次世界大战将在1998年开始。**
- ▶ **世界也将会被污染，世界末日几乎让所有生命灭绝。**

收到这非常奇怪的书信后，萨根很快联系了联邦调查局，联邦调查局随即采取了行动，1983年11月18日的联邦调查局秘密文件指出：

> 在国家执法部门的计算机或本地目录的搜索中，都无法找到可识别那封信的作者“斯普林菲尔德”的相关信息。克利夫兰的电话簿显示斯普林菲尔德的地址是一个大公寓。他们找到一个借口给那个地址打了电话，但是在该地址居住的斯普林菲尔德已经在1972年就去世了，现在只有一个寡妇住在那里。
>
> 卡尔·萨根的联邦调查局文件

已公开的其他联邦调查局文件说明，确实有特别探员竭尽全力地进行尝试，并确定该信的动机和来源。原信的信封被迅速送到联邦调查局鉴证科分析实验室，但联邦调查局的报告简单地将此事定为“炸弹威胁”。据透露，在信封和信纸上都没有找到“有价值的线索和指纹”，法医分析也没有取得任何进展。

特别值得指出的是，虽然萨根自己是完全无辜的，但在这个不同寻常的事件中，萨根的详细信息，都被联邦调查局和其他美国政府情报机构秘密地调查清楚了。他们试图用这些来判断是否有任何特别的原因，使萨根成为唯一的收件人，结果没有什么异常发现。这就是联邦调查局对于卡尔·萨根和斯普林菲尔德这件事的最终的官方决定。不过，有关美国宇航局航天飞机的阴谋对人们造成的一些影响，仍然在继续蔓延。

绝密

1986年1月28日临近正午时分，挑战者号航天飞机从肯尼迪航天中心起飞一分钟后，突然发生爆炸，悲剧导致其七名机组人员死亡：机长迪克·斯科比、机师迈克尔·史密斯任务、专家罗奈得·迈克奈尔、朱迪思·雷斯尼克、鬼冢承次、载荷专家格雷戈里·贾维斯以及克里斯塔·麦考利芙。1986年的“总统委员会对挑战者号航天飞机事故的报告”，公布了美国宇航局以及协助其进行调查的机构得出的报告—— 造成挑战者号灾难的是“两个低段固体火箭发动机的连接失败。密封件故障造成的后果是毁灭性的，因为它的作用是防止推进剂在联合火箭发动机燃烧的过程中泄露出来。”

由于造成了令人震惊的人员损失，美国宇航局最糟糕的恶梦成为了现实，整个航天飞机计划被搁置了差不多三年。美国宇航局此前从未遭遇如此巨大的挫折。与此同时，在航天飞机完全停飞之际，关于美国宇航局和挑战者号的阴谋论开始被传得风生水起、沸沸扬扬。

2003年11月中旬，一个叫马丁·布莱克的人，自称对阴谋理论十分感兴趣。他声称是美国宇航局自己破坏了挑战者号的任务，因为挑战者号成员鬼冢承次准备在返回地球的时候，向世界透露“第一手消息”，即1947年夏天，美国军事部门在新墨西哥找到了外星人的尸体。据说，他们将尸体低温保存在内华达州中部的51区的地下深处。

当然，即使是这样一个与现实有着巨大反差的精彩而奇特的故事，还有一个重要的问题必须回答：为什么政府的刺客要去炸掉挑战者号太空飞船呢？如果他们想要完成秘密任务，没有必要采用这么高难度的方式。想必任何有经验和能力的杀手，都能用一个更现实、更常用的方法将鬼冢承次暗杀，如伪造成车祸或自杀。布莱克对此没有合理的答案。然而，非常奇怪的是，美国宇航局宇航员鬼冢承次与美国军队拥有从一个或多个坠毁的飞碟中找到的外星人尸体之间有着真实的联系。

秘密

1989年，前美国军事情报官员莱纳德高·斯特林菲尔德透露：四年前，他曾与辛辛那提的居民克里斯·卡菲交谈，卡菲是鬼冢亲密的朋友。卡菲向斯特林菲尔德吐露，鬼冢曾告诉他一个非常惊人的故事，是关于美国军事部门获得坠毁的飞碟和外星人尸体的事情。

根据卡菲告诉他的，斯特林菲尔德透露，“鬼冢对这件事情十分关注，1973年他在麦克莱兰空军基地同一个空军飞行员小组一起看到的一段有‘板子上放着外星人尸体’的黑白影像资料，更是引起了他的极大兴趣。他当时完全被惊呆了，他说记得自己大声喊道：‘哦，我的上帝！’卡菲了解到我的工作就是搜集不明飞行物坠落的资料，决定在挑战者号航天飞机返航后，带我去见鬼冢询问UFO的事情。结果，航天飞机的爆炸让这一切成了泡影。”

在这件事情上，飞碟研究权威理查德·杜兰写了一些关于UFO现象的开创性书籍，书中还涉及国家安全考虑事项及问题，他评论说，如果这样的影像资料的确是真的，那么它必有巨大的价值。杜兰推测，“比方说你的工作就是‘管理’这个信息”，那么你会意识到，“军队的人在他们的职业生涯中比其他人更有可能了解到UFO的真实情况。显然，播放视频资料给他们看，可能是给他们布置与外星人相关的特殊任务之前所做的准备。”

杜兰在想，当曝光这种惊人的影像资料时：

- **有关人士如何能用合理的解释，来应付这种令人震惊的材料？**
- **他们已经开始行动了吗？**
- **极度震惊和精神崩溃是不可避免的唯一的结果吗？从安全的角度来看，可以选择某个人来保守这样的秘密吗？难道他们完全可以保证，这些人不会泄密？**

杜兰的问题都非常重要并发人深省。但迄今为止，官方仍然顽固地不予以解答。

这件事还有另一个略微怪异的地方，也值得我们注意。1943年出生的已故著名乡村歌手约翰·丹佛，曾非常迷恋外太空的神秘世界。他甚至出色地通过了美国宇航局严格的物理和心理评估，这个评估是用来测试他是否足以应付许多苛刻的条件，使他可以在地球以外进行一次危险的旅程。由于他的成功，美国宇航局还制定了计划允许他进入那个炸死了宇航员鬼冢和他的同事的挑战者号。幸运的是，那一天，丹佛并没有在太空船上。

如果丹佛这样做了，如果挑战者号没有在刚刚升空就爆炸，那么鬼冢和丹佛就有机会讨论UFO、外星人、罗斯威尔事件等。丹佛出生于新墨西哥州罗斯威尔镇的一个空军家庭。虽然丹佛没有在航天飞机上，但他还是没有逃脱灾难。他于1997年10月12日死亡，他的私人飞机撞向加利福尼亚太平洋海域附近的树林。前面提到的马丁·布莱克也跟丹佛一样碰到飞机失事，带着他充满了争议的理论——美国宇航局秘密破坏了1986年1月挑战者号的飞行计划，一同离开了人世。

秘密

1986年1月29日，马萨诸塞州波士顿分局的特工将一个文档送到联邦调查局主管威廉·韦伯斯特位于波士顿的办公室中，文档讲述的是一个有巨大争议的故事。现在解密的联邦调查局文档显示，在挑战者号太空船发生爆炸的前两天，波士顿电视台第七频道新闻部收到了一个不知来源的电话，电话中透漏了航天飞机会发生爆炸。根据联邦调查局的记录，那天晚上8点35分，“打电话的人声称有一个三人小组会破坏飞行器，导致它爆炸，并杀了航天飞机上的所有人，他是小组中的一员。”

他们意识到，即使这只是一个骚扰或者带有臆想的电话，这个问题也不容忽视。联邦调查局迅速下令，派人极为匆忙地赶到第七频道，并通过电讯部门查到电话来源于一个车站。联邦调查局探员迅速赶到车站，走访了车站工作人员，工作人员说有神秘的人告诉他们“一系列非常非常可怕事情将要发生”，据说那个由三个人组成的秘密小组，还说“至少会杀死五个人”。

尽管那个人没有留下姓名，联邦调查局实际上已经猜到他可能是谁了，联邦调查局文件中的以下文字就证明了此事：

> 在由特工及人事监管主管召开的情况说明会时，有一个情况被记起了：他们回想起1985年9月，有一个人走进局里，可能患有神经疾病，明确表示他应该对之前发生的发射被推迟、飞机坠毁，以及其他灾难性事件负责。
>
> 《挑战者号航天飞机爆炸》联邦调查局

联邦调查局迅速锁定了要找的人，并很快找到了他：他当时正在“弗兰克牛排”附近心不在焉地吃着晚餐，联邦调查局的探员上前出示证件宣布他被捕了。但是调查局的人随后指出，该名男子显然“不具备这样的能力”。之后，他在当地一个医疗单位进行了“五天的心理评估”，由于他精神恍惚，这个不明身份的人没有受到任何指控。

讽刺的是，这个人竟然是：

- **患有非常严重的精神错乱症**
- **没有真正企图炸毁挑战者或任何其他美国宇航局的航天飞机**
- **以前提出过类似的威胁，并且宣称其中一架航天飞机将被摧毁（从来没有采取过任何行动）……**

不过这次他的预言成真了：在有人给第7频道的新闻部打电话之后，航天飞机及其全体成员就真的出事了。有时候，事实往往比最有想象力的科幻故事更奇怪。关于这件事情的最终解释，联邦调查局的工作人员小心翼翼地说道：

> 那个人在航天飞机起飞前拨打类似的电话是完全合理的。
>
> 《挑战者号航天飞机爆炸》联邦调查局

当前可用的联邦调查局文件，没有反映出任何证据证明这一嫌疑人再次被带到警局。不过，其他一些人总是戴着自己黑暗阴谋的有色眼镜来观察这个世界，他们认为挑战者号的坠毁和宇航员的牺牲与美国宇航局有关。

绝密

当联邦调查局的工作人员在波士顿的办公室努力查找一个关于美国宇航局飞机的阴谋论时，在美国西海岸的联邦调查局探员也在做着同样的事情。1986年4月18日，联邦调查局标题为“1986年1月28日佛罗里达肯尼迪航天中心挑战者号航天飞机发射时发生爆炸”的文件中，有如下记录：

> 1986年1月31日，在联邦调查局加利福尼亚圣安娜的驻地，有人声称，他认为由于从古巴或一架飞机上发射的激光束击中了挑战者号，才引起了爆炸；爆炸的影像资料显示，在爆炸之前就从航天飞机上喷出了很多褐色的烟，油箱泄露会产生白色的烟雾，而不是褐色的；在飞船的制造过程时，每次用激光束“打”在飞船上，都会产生褐色的烟雾，飞船被激光束穿透后，才发生了爆炸。
>
> 《挑战者号航天飞机爆炸》联邦调查局

与激光武器领域工作的美国陆军、海军和空军专家进行交流后，联邦调查局称“激光理论似乎是可信的”，但他们强调“做到这一点还不太可能”。这句话的结果是，当他所公布的这种理论得到了联邦调查局的关注时，此事被联邦调查局和美国宇航局的保安人员快速屏蔽了。

秘密

挑战者号灾难发生后一个月，无论是在佛罗里达的坦帕，还是在德克萨斯州的达拉斯，联邦调查局发现自己卷入了疯狂的阴谋论之中。联邦调查局一份来自坦帕办公室1986年3月1日的报告中透露，有人找到了在达拉斯的工作人员，但拒绝透漏他的身份、家庭地址和电话号码，"害怕在未经授权的情况下，私用公司设备而受到雇主的惩罚"。他对1986年1月28日的事件，提出了一个惊人的理论。

虽然有点勉强，但打电话的人还是承认了他是达拉斯一家计算机公司的专业人员，这家公司的专业是利用计算机来增强视频。他说他从电视的晚间新闻中将挑战者号爆炸的录像录了下来，随后"在他的电脑上，用计算机进行视频增强"。

达拉斯联邦调查局的特别探员仔细专注地聆听了这个人的解释，在航天飞机爆炸之前，就看到"几缕烟"冒了出来，他还注意到"其中一个助推器上有个篮球大小的凹陷"。根据这个人的理论，达拉斯的联邦探员告诉在坦帕的同事，"有什么东西撞到了火箭推进器，随后引起了爆炸。"

在这种情况下，所有相关的数据，包括电话记录和正式文件，联邦调查局都转发给了美国宇航局。美国宇航局的研究人员在研究了这个人所说的理论之后，认为他说的一点根据都没有。所以他的这个看法很快就被排除了。但是，这份文件说明，他是一个忠诚的美国人，试图为挑战者号的灾难调查提供一些帮助。

机密

在德克萨斯州达拉斯和佛罗里达坦帕的这两个联邦调查局的办事处，同时被卷入争论中。然而，在所有相对于美国宇航局和1986年1月航天飞机悲剧的阴谋理论中，最奇怪的一个理论，正悄然在华盛顿地区的办公室中飞快传播。

这个故事非常奇怪，并且涉及到了通灵现象。报告称受难宇航员中的一位成员和阴暗、无所不能的日本恐怖组织合伙造成了这个灾难。奇怪的是，对这个惊人的事情，在联邦调查局的几个文件摘录中，都出于美国国家安全的考虑立刻被抹去了。

根据被删的文件，联邦调查局愿意向公众公布这个消息的来源，某知名人士（当局政府十分熟悉的人物）亲自拜访了一个女人——她的名字已经被联邦调查局的审查人员非常小心地从现有文件中全部删除了——那个女人“声称能够与神灵沟通，并在特定事件中获知一些常人无法知道的信息。那些神灵就是她的‘信息源’，当她们交流得到信息时，通常使用集合名字‘我们’。这个女人声称她去过华盛顿特区，目的就是为了提供有关1986年1月28日挑战者号航天飞机爆炸的信息。”

根据联邦调查局的文件记录，与这个女人的私人会面发生在1986年2月24日。联邦调查局的特工手里拿着录音机，坐在椅子上，听这个女人讲了一个完全不寻常的故事。女人自信地告诉参加会面的联邦调查局探员，挑战者号的灾难与航天器本身或任何违规行为无关，也不是美国宇航局的错误。她对所有的人说，1986年1月28日发生的恐怖事件是恐怖分子的杰作。不仅如此，她声称成功摧毁挑战者号的人，其中有两个是肯尼迪航天中心的地面工人，而第三个则是宇航员之一，也死在了事故中。

至于恐怖组织本身，如果它存在的话，那么它确实是独一无二的一个。这个组织被报道为“狂热”、拥有所谓的“祖先的血统”，他们十分仇恨美国人民和美国政府。联邦调查局探员被告知，恐怖分子的计划就是要让美国宇航局和美国总统办公室不安和焦虑，并令美国宇航局的太空计划遭受重大挫折。现在回顾所有这些，事实确实是这样的，不管你信或不信，都无法证明这个女人和她那个未知证人所说的话。”

不论真假，这个女人编造了一个极其复杂的故事。在会面之后，联邦调查局探员仔细记下了她所说的：

> 爆炸是由放置在航天飞机外部燃料箱的设备引爆的。可能是项目工程师或技术员放的。第二个破坏者在人群中观看航天飞机起飞，并使用

> 掌上发射机将其引爆。可能是一个警卫或安全人员。宇航员中的破坏者选择在爆炸中死去，认为这是一种崇高的死亡仪式。
>
> 《挑战者号航天飞机爆炸》联邦调查局

非常值得注意的是，这个女人不仅向联邦调查局提供了两个在美国宇航局内部的破坏者的工作性质，联邦调查局的探员还可以“根据这一线索去查明那些人的身份”。但是，如果联邦调查局真的去做了这方面的调查，那么这个文件就会被提升保密级别，那么我们肯定就无法在文件中查阅到这些信息了。

那个女人选择挺身而出，讲述了她不同寻常的故事，到底是为了什么？她向联邦调查局提出建议，她认为，如果美国宇航局因为悲剧事件暂停或彻底取消雄心勃勃的太空计划，美国可能会在太空领域被敌对和激进的国家打败。她充分相信，美国宇航局根本没有做任何不法行为。也就是说，首先，这不是美国宇航局的错；其次，美国宇航局不能因为一次意外，就将航天飞机的计划搁置。

实质上，这是关于航天飞机阴谋论非常特别、也可能是唯一的解密材料。有两样事情特别值得注意：

1. **联邦调查局已经公开承认扣留了与这一特定事件有关的名为美国国家安全的秘密文件，这些文件不少于26页。**
2. **美国宇航局宇航员中的“东方人”，即死于爆炸中的鬼冢，又被与挑战者号毁灭的另一个阴谋论联系在了一起：这就是之前提到过的在1947年，新墨西哥州的罗斯威尔发现了外星人的尸体。美国军方或政府已经获得了这些尸体，还拥有这些内容的秘密影像资料。**

除非有一天，联邦调查局对大众公布了那些极不寻常事件剩余的数据和资料（以及联邦调查局与陌生女人采访的录音带记录），否则我们不可能确定联邦调查局神秘情报的来源，以及那个女人所说的有关她神秘和虚无飘渺的超感官知觉的交流。

值得注意的一点是，美国联邦调查局决定约见某个声称自己能够通灵的人，依靠此人了解航天飞机失事的信息，听起来可能不可思议，而且使很多人想知道为什么联邦调查局会选择跟她会谈。那是因为数十年来，某些美国军事和情报机构一直在研究通灵现象、超感官知觉和体外感知，甚至是占卜板，来确定是否可以对秘密情报收集工作起到一定的帮助作用。

根据《信息自由法案》的条款，成千上万页有关这个超自然现象事件的原机密文件，已经从陆军、空军、中央情报局、国防部和联邦调查局的档案室中解密。有时候，那些文件明确表明，当用一个传统的方法来寻求重要数据而无法成功时，剩下的选择往往就是采用非常规的方法。正因如此，美国联邦调查局在1986年决定对挑战者号坠毁事件展开全国调查。

秘密

当一个宗教性质的阴谋理论占据了统治地位时，2003年2月1日，美国宇航局的“哥伦比亚”号航天飞机，在德克萨斯州重返地球大气层时解体，所有船员全部遇难。尽管一些阴谋论者初步认为，航天飞机是被外国恐怖分子破坏的(有新闻报道，哥伦比亚号爆炸发生在德克萨斯州的帕勒斯坦上空，它史无前例地搭载了以色列宇航员宜兰·罗马)，但美国宇航局和政府迅速辟谣，称这样的理论是完全错误的。美国国土安全部门的工作人员戈登·约翰德罗出现在电视中，满怀信心地向美国民众保证，绝对没有消息表明恐怖分子能够造成哥伦比亚号的灾难。

但是对于那些认为哥伦比亚号事故是穆斯林或者以色列恐怖分子的杰作的人来说，这项保证并没有让他们满意。有些忠实的信徒甚至相信，是上帝的伟大力量造成了这个事。航天飞机的悲剧发生在德克萨斯州帕勒斯坦的上空，在地理名称上，很容易让人联想到巴勒斯坦反对以色列占领约旦河西岸的事情。此外，宜兰·罗马不仅是以色列的第一个宇航员，也是这个国家最著名的军事英雄：他曾是以色列的空军上校，在二十年以前驾驶着飞机轰炸过伊拉克的奥西拉核反应堆。

由于这些非常怪诞的事实，《中东日报》（由沙特政府支持）的一些评论员和宗教狂热者就说：

美国的帕勒斯坦小镇由于哥伦比亚号的坠毁变得非常知名；伊拉克高兴死了一名以色列宇航员，因为他曾轰炸了伊拉克的核反应堆。

在航天飞机灾难发生约24个小时后，真主党领导人谢赫·纳斯鲁拉以类似的说法称，这个灾难向全世界人民传递出了生动的信息。他慎重地称“这个信息是传递给在过去的几年里，认为美国神圣而不可打败的人们的”，纳斯鲁拉说美国政府和人民只能敬畏地看着，他们“对于航天飞机的爆炸，什么都做不了，不论美国是否愿意，这就是全能上帝的意愿。”

同时，虽然美国宇航局一直试图解释哥伦比亚航天飞机的悲剧是发生在没有阴谋的背景下的，但世界各地的很多宗教组织对此次事故的解释还是具有一定说服力的。只要这些令人印象深刻并且成功发射的太空船继续飞行，就还会存在围绕它们展开的阴谋论。

第十二章 外星人绑架案

秘密

当发生第一起所谓的外星人绑架案时，面对这史无前例的情况，人们很难做出任何有意义的判断。然而，大多数UFO现象的研究者承认，在1961年9月19日之后，一直鲜为人知的“外星人绑架事件”才被大家所熟知。正是在那个晚上，来自新罕布什尔州的贝蒂和巴尼·希尔夫妇，开车从加拿大度完假返回时，经历了一个非常可怕的事情。

尽管在夜空中看见了不明飞行物，甚至通过飞船的窗口可以看到里面有某种具有生命的生物，但直到他们回家，希尔夫妇并没有发现这个偶然的事件对他们来说有什么意义。只是在回来的途中，发现路程似乎比他们预计的更远。后来得知，贝蒂和巴尼有两个小时的时间莫名其妙地消失了。在深受此事困扰的几个月时间里，他们度过了无数个不眠之夜，做过很多与非人类生物接触有关的非常奇怪的梦。之后，希尔夫妇终于向波士顿的一个精神病学家和神经科医生本杰明·西蒙寻求帮助。

贝蒂和巴尼认真地接受了“时间回归催眠”，他们回忆起了失踪的120分钟内发生的事情。不出所料，希尔夫妇讲述一段与外星生物相遇类似的情节，他们两个被带到了一艘外星飞船上，随后对他们进行了一系列严格的身体检查，其中有些检查可能会伤害他们的身体，让他们感到非常痛苦。希尔夫妇的故事为约翰·富勒的畅销书《中断旅程》提供了素材，该书在1975年还改编成了同名电影。

绝密

到目前为止，出现在外星人绑架案件中的生物，人们通常都称其为“灰色人”。通常，这些灰色人都很矮小，有3至4英尺高，灰白色的皮肤（因此得名），他们的身体非常消瘦。灰色人最引人注目和令人难忘的特点显然是他们的头部：他们头部与身体的比例比人类大很多，而且没有头发，他们的耳朵、鼻子和嘴都已经退化了。另外，他们的眼睛一般是黑色的，而且很大，像杏仁的形状，仿佛可以将人催眠。在那个宿命般的1961年的夜晚后，贝蒂和巴尼·希尔无意中为有关UFO的争论添加了更加新鲜刺激的内容，来自世界各地成千上万的人报告说与灰色人进行了接触。

在多个声称遇到了灰色人的人中，有一个叫莎伦的女人，她在美国宇航局肯尼迪航天中心做秘书。她说她遇到了与迈克盖文所描述的（1973年，他遇到了金色头发的加翁），十分相似的神秘生物。但从公开的资料来看，她的遭遇与迈克盖文是完全不同的。莎伦现在三十多岁了，她在UFO事发地点，有很多与矮小的黑眼睛外星人接触的经历。在她的经历中，最早的可以追溯到她十几岁，她回忆说当时是在夜里，她遇到了身材矮小的生物，貌似它们总是三人一组行动，他们把她从床上漂浮了起来，但她的父母还在熟睡。然后，她被带到了未来飞船的一个巨大舱室中。

莎伦回忆说，她乘坐的飞船非常大，停在距离北加州海岸几百英里的海面上，她当时就住在加州。她总是描述说那些外星绑架者非常奇怪，看着像一群年龄很小的儿童。他们有七个人，长相似乎是人类和外星人的混合体，身体的肤色呈灰白色，但他们的脸很像人类的脸，在他们的头和手上有白色的茸毛（灰色人的普遍特点是没有任何头发）。

在对外星人绑架事件的研究中，这种半人、半外星人的生物，渐渐被我们称为“混血”。许多研究外星人绑架事件的学者提出了一种备受争议的理论：灰色人正在退化，所以他们努力奋战，进行人类与他们的混血计划，以延续他们的物种。也就是说，他们不能让自己完全灭绝，灰色人唯一的选择是提取出我们的DNA，即使不得不与人类交配，他们也要不择手段地保留自己的文明和文化，哪怕只是一部分也好。

根据莎伦所说，外星人总是鼓励她去和混血的孩子玩耍。莎伦猜测，似乎灰色人希望融入人类社会，但不知道他们会怎样去做。她认为，像她这样的人（即被绑架者）唯一的选择，就是听从他们的安排，帮助培养和教导新的混血人。有一天他们将取代急剧减少的原始灰色人。

莎伦说，在她13岁至17岁之间，每年都会遇到三四次这种经历。然而，当她到了18岁，她和她的男友道格拉斯搬到了圣地亚哥生活（她承认，这使她的父母很懊恼）。自那时起，她的故事发生了戏剧性的变化。她回顾说，在一个特别的晚上，当她以为她是在一艘巨大的海底太空船上时，道格拉斯将她从梦境中唤醒，他告诉莎伦，她完全迷失在了梦境中，并且至少已经在床上抖动了15分钟。而道格拉斯不知道该怎么做，他希望她最终会安静下来，但最终却不得不叫醒她。他男友认为这可能是与她承受了太多的压力有关，她沉睡中的噩梦对她的身体产生了影响。

尽管他们的关系很亲密，但莎伦在此之前从未告诉过道格拉斯有关她被外星人绑架的经历。然而，她认为在她被中途唤醒之后，似乎知道了以往绑架案的过程是怎么回事，她感到非常地震惊。因为她惊觉其实她一直都在床上，一切只发生在她的脑海中。通过这一推断，道格拉斯非常确定并试图告诉莎伦，无论她的脑海中出现过什么样的景象，但外星人绑架她的经历显然不是物理上的，因为她一直都在卧室里：他仔细观察了她足足十五分钟，她从床的一边挣扎到另一边，但一次都没有离开过床。在之后的几个小时里，莎伦把她之前被外星人绑架的事情讲给了道格拉斯听。

多亏道格拉斯在她身边并快速采取了行动，莎伦现在才开始认真怀疑，是否她所有的被绑架的经历，都跟这个噩梦的情况类似。是否这些年所有不同的遭遇，只是她在床上做着非常奇怪的梦？那是否意味着，在她脑海中出现的灰色人根本就不存在？那么，那些混血人呢？他们也是脑海中的图像吗？或者，灰色人会不会并不生活在外部空间，但是他们可以通过梦的形式与我们进行交流？

无论问题的真相是什么，绑架和混血儿童的经历依然在她的记忆中，当莎伦经历这些事情时，道格拉斯能够确认她并没有离开过卧室一步。在莎伦马上过19岁生日的时候，发生了一件最令人震惊的事情，她又一次（至少从她的角度去看）经历了外星人绑架事件，她被困在了大西洋的深处。在此期间的经历令她痛苦不堪，莎伦回忆说是被绑在什么东西上，有点像牙医的椅子。这次他们的目的更糟糕：莎伦清楚地记得，灰色外星人试图去控制并捕获她的思想：即她的灵魂。她怀疑这些外星人在以一种可怕的方式试图将她的灵魂带出体外。

莎伦在这个特殊事件发生之前没有任何宗教信仰。但当她的恐惧达到她所能容忍的极限时，她突然哭了起来，并祈求上帝能够拯救她的灵魂。突然，这些灰色人都感到非常震惊，并在莎伦的眼前迅速消失了。过了一会儿，莎伦发现自己醒了过来，依然躺在自己舒适温暖的床上。在这次以后，她再也没有受到任何形式的外星人绑架。

上文提到，当迈克盖文将1973年他在新墨西哥州阿兹特克的哈特峡谷遇到外星人的事情与美国宇航局的同事交谈之后，一名美国宇航局官员约见了他。莎伦也有相似的经历，在她28岁的时候，她得到了美国宇航局在肯尼迪航天中心的一份工作，她开始讲述她在十几岁时被外星人绑架的经历。在她与同事讨论过这些事情后的一个早上，一位身份不明的男性打电话到她的办公室，有点奇怪地问她，是否可以“出来一下”或者“一起在附近聊聊”。

尽管有些担心并对此存在困惑，莎伦还是同意了。几分钟后，一个高个深色头发的女人，在见到莎伦的30秒后进行了自我介绍，她说她是宇航局中的工作人员，对她被外星人绑架的事情非常感兴趣，并且她还是一个非常关心此事的空间机构小组的代表。莎伦向我强调了好几次，这个会面没有任何不对的地方。那位女士用友好和轻松的语气问莎伦，是否愿意一起去她的车上，在那里她们可以私下谈谈。虽然莎伦当时没有发现，但后来猜测，那个女人故意选择她的车作为谈话地点，可能是因为已经在车上的某个地方放置了录音机，记录她们会话中的每个字。

不管事情的真相如何，谈话过程很简单，仿佛她们不是在谈论外星人绑架的问题，而是日常的聊天。莎伦被问及她与外星人会面的经过，谈及混血孩子的情况。她还问她是否相信，上帝在帮助她摆脱外星人绑架的事件中，实际上没有起到任何实质的作用。只是因为她进行这样的请求，所以她被绑架的经历才因此而结束。

莎伦明白那个女人的意思，但她不知道该如何思考所有的情况，除了一次又一次地与朋友们讨论其中的一些事情，她不知道还能做些什么。该名女子随后告诉莎伦，在美国宇航局和政府中，那些知道外星人绑架事件的人所掌握的情况并不是最初的样子，美国宇航局相信“控制人类的灵魂”是绑架过程中最核心的一部分。

另外，莎伦还被告知，那些美国宇航局正在追踪的外星人绑架之谜，“虽然知道有事情发生，但我们不知道其目的是什么，只知道它看起来对我们有害。”事实也只能这样了。那个女人警告莎伦，不要再以正式或非正式的方式，与她的朋友和在美国宇航局的同事谈论她十几岁时被外星人绑架的事情。然而，值得注意的是，与莎伦交流的神秘采访者，并不是唯一一个在肯尼迪航天中心里对外星人绑架、上帝与人类灵魂之间的联系等问题感兴趣的人。

机密

乔·乔丹，目前是肯尼迪航天中心的安全专家，他对绑架现象非常感兴趣，他不属于任何类型的有关莎伦事件的秘密小组。他相信外星人绑架发生在睡眠中——并且只发生在睡眠中——即他们是想控制思想，而不是将人转移到任何外星飞船中。并且，他也相信，信仰上帝、寻求上帝的帮助可以破除外星人绑架的魔咒。

乔丹还认为，所谓的灰色人根本就不是外星人。他们是撒旦邪恶和狡诈的爪牙。

乔丹在2010年告诉我：

> 直到1992年，我才知道UFO。我被推荐给佛罗里达州奥兰多当地的美国UFO共同组织（MUFON）的主管，我通过了测试，并开始了解UFO。我很快成为了MUFON的一个部门主管。当时，我从来参加月度会议的一些人那里听到的外星人绑架事件：他们负责处理那些自称看到外星人的UFO事件。我们决定去看看这些报告。我告诉我们的调查员：我们一直被天空中的神秘光线耍得团团转，或许我们应该更多的注意那些有真实经历的人，那些人就是被绑架者。

他继续说：

> 被绑架者没有被带到飞船，他们的身体还在自己的床上。几个人被绑架的案件都显示，被绑架者身边的人说他们就在他面前，哪都没有去。被绑架者几乎陷入昏迷状态，仅仅是几分钟而已。但他们醒来后筋疲力尽，当他们谈到发生的事情时，所有细节需要花费数小时才能讲完。但这只是几分钟内发生的事情。这像一种时间旅行。我不确定我能否称之为幻觉，也许更像是一个幻影，就像通过某些设备观看全息图像，但这个过

程却是在他们的脑海中发生的。这些生物可以在我们的脑海中创建这样的经历，并且我们可以与其进行交流，这种经历会影响我们的身体反应。这就是为什么我们的身体往往会做出反应。

继续这个话题，我们可以看到，乔丹关于为什么会发生外星人绑架的看法让人难免心生恐惧，且争议性十足：

所有这些事的目的都是在否认基督教的真实性。而且，他们是我所见到过或读到过的最厉害的宣传机器。我相信这就是整件事背后的真实目的。想想那些童话一 老侏儒、小仙女和蓝精灵等等，现在我们都已经不相信了。于是，他们便玩起了皇帝的新衣这个把戏，以一种我们将会接受的伪装又出来了。但他们的目的是要打败我们，欺骗我们，让我们不再关注唯一的真神。但如果这样的情况真的发生了，如果《圣经》是真的，它所传达的信息是真的，那么那些屈服了的人们，他们的灵魂将遭受毁灭的厄运。我想这就是这些外星人（其实是恶魔）正在试图要做的事情。这件事情是他们的工作。那些恶魔知道按照《圣经》的说法，他们注定要去地狱，但是他们计划带着尽可能多的上帝创造物（人类）跟他们一起去地狱。这是一场大战。

是不是美国宇航局里也有一些人同意乔·乔丹的观点呢？莎伦的事件强有力地表明，答案无疑是肯定的。

第十三章 美国宇航局的怪物

很多人都听说过西弗吉尼亚著名的天蛾人，这是一种奇怪的飞行生物。它之所以出名是因为2002年好莱坞影星理查·基尔担任主演的电影《天蛾人》。电影是由一部同名小说改编的，作者是已故的超自然现象研究权威约翰·基尔。但是，在20世纪60年代中期，天蛾人从它们奇怪和不祥的巢穴中出来活动之前，还有另一种神秘的有翼生物，它的凶残习性给人们带来了深深的恐惧。

当然，在所有各种各样的奇怪生物中，让人感到最奇怪的一个，是美国德克萨斯州传说中的休斯敦蝙蝠人。故事发生在1953年6月18日凌晨，是一个遭遇野兽的典型事件。那是一个炎热而令人焦躁的夜晚，23岁的家庭主妇希尔达·沃克和她的邻居——14岁的梅耶·茱蒂，还有33岁的工具厂检查员霍华德·菲利普，一同坐在位于休斯敦城东的118街沃克家的门廊上。

沃克讲述了接下来发生的事情：

> 25英尺远的地方，我看到一个巨大的阴影穿过草坪。开始我认为它一只大的蛾子，因为在路灯附近，所以影子变大了。然后，阴影似乎落在了核桃树上。我们都抬起头看它，就在那时，我们看见了那个生物。
>
> 《蝙蝠人之谜》休斯敦时报

她开始描述那个生物，形状基本上与人类似，只是长有一对像蝙蝠一样的翅膀，全身上下都穿着黑色的紧身衣，被怪异的、发光的薄雾所包围。他们三个都非常确定，这个怪物的身高约有6.5英尺，也一致认为包围着它的奇怪光线是黄颜色的。当光线慢慢变暗时，蝙蝠人消失了。就在这时，梅耶被吓得发出了尖叫。

沃克太太还回顾道：

> 随即，我们听到"嗖"的一声，有什么东西从这条街的房屋上方穿过。就像鱼雷发出的白色的光…… 我听说过很多关于飞碟的故事，我还以为这些人讲的故事是非常疯狂的，但现在我不知道该相信什么。我可能疯了，但我看到了，不管那是什么…… 我坐在那儿不知所措。我被吓坏了。
>
> 格哈德《德州的怪物》

梅耶在报纸上说到："我发誓，我真的看见它了。"

同时，菲利普斯也指出：

> 我简直不能相信。但我看到它了…… 我们望向对街，看见一个像火箭升空一样的光束从一棵树上升起。
>
> 格哈德《德州的怪物》

沃克在翌日早上将这件事报告给了当地警方。

作为一名休斯敦的长住居民，研究员和作家肯·格哈德进行了各种勇敢的尝试，希望找到在城东第三大街发生奇怪事件的地址，但发现它已经不存在了。貌似在附近的10号州际公路扩张中，已经将其改造了。或者，也许这个地方消失了，就像蝙蝠人消失了一样。

在他第一次听说发现蝙蝠人的活动数年后，格哈德的一个好朋友告诉他，休斯敦贝莱尔剧院的一些员工声称在二十世纪九十年代的某个深夜见到过一个巨大的、带着头盔的人蹲下来，试图将自己隐藏在市中心城市建筑的屋顶上。

也许，鉴于现代社会的发展，我们应该认真考虑这种可能性，即休斯敦蝙蝠人又回来了，或者它们从来都未曾离开；或者有可能，在半个多世纪里，它们一直潜伏在德克萨斯州休斯敦城的某个深处静静地等待着，只在太阳落山之后，以及整个都市都被黑暗所笼罩时，才会出来活动。有一个很好的理由让我们相信事实的确如此，这个理由与美国宇航局有关。

黛丝瑞·肖讲述了一个非常奇怪的故事，与她已经去世的父亲有关。20世纪80年代，她的父亲在美国宇航局德克萨斯州的休斯敦基地约翰逊航天中心担任档案保管员。肖说，1986年的一个晚上，她的父亲处理完约翰逊航天中心的工作，从工作单位返回时，时间已经非常晚了。肖说这很平常，她的父亲经常这样，有时要工作到深夜。然而，在那个特别的夜晚，事情有所不同：她的父亲明显感觉心痛，看上去非常焦虑，甚至到了崩溃的边缘。黛丝瑞和她的母亲终于让他冷静下来之后，弗兰克·肖讲述了一个非常不寻常的故事：那天晚上，当他走向汽车的时候，看到一个非常巨大的与人类似的生物，坐在建筑旁边，全身都是黑色的，似乎有一个大型的斗篷披在其肩膀和背部，在身体两侧有两个巨大的翼状附属物。它看上去既像蝙蝠又像鸟，翅膀在猛烈的风中慢慢拍打发出撕裂的声音。

家人们都非常吃惊，弗兰克·肖还说，那个生物显然意识到自己被看见了。不仅如此，肖还有一种奇怪的感觉，那个怪物似乎希望被人发现。当肖感到直击心灵的恐惧时，怪物看起来有些疯狂似乎因此感受到了邪恶的快感。他只能站在那里，目不转睛地盯着那个怪物，极大的恐惧使肖僵在那里无法动弹，并且感觉当时的一切不是真的。他看见那个像石像一样的巨大黑色怪物从宇航局约翰逊航天中心的屋顶上下来，若隐若现地围绕着自己，最终肖感到他要全力攻击自己。肖快速跑向自己的汽车，猛地打开车门，用力地关门，快速驶入黑暗中，一直没敢回头。

肖的家人建议说，对上级报告他的事情可能并不是明智的做法。他同意了家人的意见。但几周之后，这件奇怪的事件总是萦绕在肖的脑海中，让他十分紧张，他终于将此事报告给了他的顶头上司。让肖感到惊喜和安心的是，他的上司告诉他，这并不是第一次发现不明生物深夜里在约翰逊航天中心附近阴暗的地方漫游。也就是说，肖并不是疯了或产生了幻觉，怪兽是存在的，肖不是唯一的目击证人。

实际上，据说有关该问题的秘密文件曾在几个月前被查阅过。主要是因为有一次，在发现了带翼魔鬼的同一位置，人们还发现了两个被肢解的德国牧羊犬尸体，现场极其恐怖，两具尸体上的血都被吸干了。此次遭遇的结果是，肖发觉自己因为这件事备受煎熬，依据黛丝瑞·肖简短的总结就是“美国宇航局的安全人员从亚利桑那州的什么地方飞了过来，我只知道这些”。

肖被告知——虽然不是严格的规定——他不得与朋友、家人或者同事进一步讨论这一事件，大多数情况下他也确实遵守了。如果黛丝瑞·肖在她的父亲去世后，没有决定说出相关的事实，这个故事可能就不会出现了。然而，这件事远没有结束，在这个美国宇航局神秘怪物的故事中，我们接下来不得不去波多黎各的荒野看看。

绝密

1959年9月，康奈尔大学物理学家菲利普·莫里森和朱塞佩·孔乔尼共同写了一个题为“寻找星际通信”的突破性论文，发表在《自然》杂志上。论文集中讨论了通过微波介质寻找外星生命的想法。大约八个月后，一个叫弗兰克·德雷克的人决定亲自来测试莫里森和孔乔尼的理论。他在位于西弗吉尼亚州的国家射电天文台进行了实验。与其他地方相比，这一地区恰巧是美国天蛾人活动的地域。尽管历时150小时，但德雷克搜索外星智能信息的实验并没有取得成功。然而，德雷克并没有被这点小挫折阻挡或打败。

1961年10月，后来被称为外星智能生命探索联盟（SETI）的会议第一次在西弗吉尼亚召开。德雷克就是在这里，宣布了著名的德雷克方程，用这个方程可以试图确定已知宇宙中可能存在的智慧文明的规模，虽然其确定性还存在争议。从那时起，SETI在寻找外星生命的研究方面，一直处于最前沿。美国宇航局也在不同时期与SETI有过合作。例如，1971年，美国宇航局的项目研究小组召开会议，讨论设计一个巨大的射电望远镜阵列的可行性，以发现外星生命。但是，当时因为该计划费用过高，使其最终被搁置。今天的美国宇航局和SETI基本上是各自独立的机构。

然而，SETI与美国宇航局一样，收到了黑暗隐形生物和被肢解的动物的报告。当时，弗兰克·德雷克决定自己奋斗终生的事业就是探索外星生命，他一直走了下去，最终建成了位于波多黎各岛的雷西博射电天文望远镜，他也被提升为SETI的主管。二十世纪六十年代中旬，在他担任主管的早期，天文台的警卫声称见到过一个穿着黑色斗篷的人“在天文台圆形棚顶的边缘行走”。

警卫认为怪物看上去非常像一只吸血鬼。尽管德雷克怀疑，但他还是礼貌地接受了警卫的报告，并表示至少会看看。约48小时后，德雷克说：“我真的被迫采取了调查…… 因为附近的农场中发现死了一头牛，牛身上的血都被吸干了。而吸血鬼的谣言已经蔓延至天文台的人员，对这件事的担忧，让许多人陷入了疯狂状态。”

德克萨斯州休斯敦的美国宇航局约翰逊航天中心、波多黎各岛上的阿雷西博天文台，都出现了怪物，而且在附近地区都有动物被残忍地杀害，它们身上的血被吸光，难道这些只是巧合？也许不是，我们继续来看。

这几年，在波多黎各森林和低地中，出现了很多耸人听闻的险恶故事。据说，全天都有一个奇怪并致命的生物在那里游荡，弄得附近居民人心惶惶。人们将这种动物描述为眼睛闪着红光，有像爪一样强有力的手，剃刀般锋利的牙齿，身体与猴子相似，背上带有成排的长钉，偶尔还有像蝙蝠一样的翅膀。如果这些描述还不够，那么还有一点就是，据说野兽嗜好动物的血（以山羊为主）。波多黎各存在一个可怕的吸血鬼，人们叫它卓柏卡布拉，是一个拉丁名字，意思是“吸食山羊”。

对于这种未知的生物，一些研究人员和目击者认为其实就是大蝙蝠的一种，另些人则认为是外星生物。最奇异的想法，就是认为有一个绝密遗传学研究的实验室，深藏在塞拉利昂卢基略圣胡安城东南约25英里处的波多黎各的云雀雨林内，卓柏卡布拉就是由这个实验室研制出来的。并且，我们再一次看到了美国宇航局在寻找这个难以理解的有翼吸血杀手方面发挥了重要作用。

好几次，我前往波多黎各，试图寻找那个像吸血鬼一样的怪兽。

有一次，我听到了一个有趣的谣言。二十世纪八十年代中期，美国军事人员在岛上坠毁的飞碟中俘虏了一些具有暴力倾向的怪兽，并将它们从佛罗里达转移到美国宇航局的一个秘密设施中。这种谣言是不是太异想天开了？当然，不是每个人都这么认为。从三个服务生和一个退休的波多黎各民防人员那里，我听到了相同的故事：1984年2月19日晚上，一艘来自遥远世界的宇宙飞船，在半空中出现某种故障之后，坠毁在了云雀雨林的深处。据说，飞船是圆形的，白色，受到了严重的损坏。

这个故事讲到，第一批到达现场的美国军事人员试图封锁现场，他们发现了五只凶猛的怪兽。七名美国军事人员在努力试着控制情况时，遭到袭击并被杀害。据说，这些邪恶的生物迅速撤退到了他们失事的飞船中，直到美国宇航局的科学家和保安人员赶来将它们放进临时笼子之前，他们一直蹲在飞船里。宇航局计划尝试恢复UFO留下的东西，如果可能，让所有的野兽都活着。但事情并不顺利：至少有五个安全小组人员、两个科学家被杀害，同时，三个吸血怪兽也死亡。然而，余下的两个怪兽，被成功地注射了镇静剂，并运往属于美国宇航局的一个地下实验室。

这个故事仅仅是一个民间传说或神话么？或者，1984年2月19日这一切令人难以置信的事都真实地发生过吗？看来，除非美国宇航局选择有一天公布文件，否则，这个问题将依旧难以回答。但我们可以肯定一件事：在波多黎各岛和德克萨斯州的约翰逊航天中心附近活动的像吸血鬼一样的有翼嗜血怪物，对于美国宇航局来说貌似并不陌生。

机密

我最后要讲述的是一个最具争议性的奇特故事，这个故事显示美国宇航局与奇怪的动物生命体有关。这故事来自一个名叫布鲁斯的织布工人，他的祖父曾在二十世纪六十年代的早期和中期，为德克萨斯州的布鲁克斯空军基地提供医疗服务。1963年11月21日—— 一天后约翰·肯尼迪在迪里广场(德克萨斯的拉达斯)遇刺，九天前他和美国宇航局主管詹姆斯·韦伯讨论，试图制定一个与苏联有关的探索月球和太空重要的计划— 这是布鲁克斯空军基地的重大事件。那天，肯尼迪总统举行了六个新航空航天医学研究建筑的落成典礼，这些研究建筑据说是美国宇航局的新兴载人太空计划中的关键。肯尼迪总统的贡献将永远被历史所铭记，可以说这是他担任美利坚合众国总统期间的最后一项任务。

有趣的是，有传言说肯尼迪可能不仅仅看到了航空航天医学的最新成果，访问布鲁克斯期间，他还看到了1947年从新墨西哥的罗斯威尔坠毁飞碟中带回来的外星人尸体。更耐人寻味的是，传言说肯尼迪在布鲁克斯会见了少将西奥多·贝德韦尔。1946年至1947年，贝德韦尔一直在俄亥俄州的布鲁克斯空军基地总部工作。许多飞碟调查人员称，1947年从新墨西哥州罗斯威尔的沙漠中获得的外星人尸体，正是被送到了这里。

在布鲁克斯访问期间，肯尼迪还安排了和一个美国空军上校哈罗德·埃林松见面，他在1935年获得细菌学学士学位，在美国空军工作。在埃林松的职业生涯中，最有趣的就是在德特里克堡担任外科医生和医院指挥官，如这本书前面提到的，据报告，在20世纪70年代，有美国宇航局雇员在那里对外星病毒进行研究。另一部分的行程计划，涉及肯尼迪访问布鲁克斯的肯尼迪空军基地，接受六千五百七十名航天医学研究实验室的工作人员提供的简报。这个研究所的工作，就是评估美国宇航局工作的可行性，即从医学和生物学的角度观察如何安全地把人送到外太空，或近地球的轨道上。

布鲁斯·韦弗的祖父弗雷德是西奥多·贝德韦尔少将的好朋友，他们对航空航天医学和未来的载人太空飞行，以及如何应对有点难以理解的外层空间，都怀有浓厚的兴趣。不仅如此，据布鲁斯·韦弗说，贝德韦尔的一个好朋友曾向他的祖父透漏，1963年肯尼迪总统最后一次在布鲁克斯空军基地举行落成典礼的六个新航天医学研究建筑物里，正在进行另一个项目。他曾读过一份机密报告，并看到了一些相关的彩色照片，照片是宇航局安全部人员在现今我们所知道的俄亥俄州路易斯菲尔德格伦研究中心发现的非人类生物尸体（液氢火箭发动机就是在格伦研究中心研制成功的，它有助于确保美国宇航局的阿波罗宇航员到达月球）。尸体被秘密转移到布鲁克斯空军基地，由空军和美国宇航局的研究人员运用航天医学领域的专业知识进行研究。

弗雷德说，在尸体被从格伦设施周围的林地中找到的两天前，在这一区域上空曾有UFO活动，其中大部分体型很小，发出蓝光，移动迅速，在美国宇航局的设施周围和树林中心嗖嗖地飞过，它似乎受到某种智能化的控制，甚至有感知能力。

但是令弗雷德惊讶和难忘的是那些找到的尸体。据贝德韦尔少将所说，找到的生物是由美国宇航局安全人员击毙的，他们当时正密切留意该区的奇怪球型浮光。尸体是个高达9英尺的、有肌肉的怪物。它全身都是短的粗棕色头发，似乎拥有猩猩和人类的部分属性和功能。也就是说，美国宇航局取得的尸体不亚于今天大家都熟知的传说中的大脚兽。

韦弗获悉，野兽的尸体被进行了尸检和广泛研究。最重要的结果是：

- **大脚怪有32颗牙齿，我们人类基本上也一样。**
- **其声带在外观上看起来与人类声带相仿。**
- **奇怪的是，在其左手小臂被嵌入某种形式的金属设备，美国宇航局医学专家的结论是，这很可能是非常先进的跟踪设备或发射器。**

是谁在这个生物里放置了这个设备？又是出于什么目的呢？这是一个无法回答的问题。韦弗说，他听说长毛巨人的遗体，包括神秘的设备，都被转移到俄亥俄州帕特森空军基地的外国技术部进行深入研究。可惜这项研究的结果仍不清楚。

布鲁斯·韦弗知道一定有人怀疑这个故事的真实性，但他相信祖父的话：

> 爷爷说，对我来说这已经足够了。如果别人不信，那他们将会很遗憾。
>
> 2009年 雷德芬采访布鲁斯·韦弗

第十四章 X档案

当谈到想查明美国宇航局是否知道什么重大的不明飞行物和外星人探访事件时，《信息自由法案》已被证明是一个非常有用的工具。虽然没有真正的猛料浮出水面，但在美国宇航局的文件中，有很多报告是有关发生在20世纪80年代中期和末期以及90年代中期的直接涉及UFO事件的。

美国宇航局的文档显示，1986年5月19日，巴西周边地区好像受到了UFO的全面入侵。根据美国宇航局提供的数据，美国国务院与巴西沟通后，得知那晚出现了UFO舰队——至少20艘飞船在高速前进——巴西空军的空勤人员、军队地面雷达操作员、以及一些民用机场的工作人员，都看到了这一景象。

根据美国宇航局关于此事的文件，第一次看到UFO是晚上8:45左右，当时欣古河号飞机的飞行员正在运送奥齐雷斯席尔瓦巴西公司的前总裁，从圣保罗到里约热内卢。由于飞行员的报告，三个战斗机从圣克鲁斯起飞。晚9点左右，美国宇航局记录中显示，每架飞机的飞行员，都在雷达屏幕上发现了异常的目标。其中一个空军工作人员描述，看到红色、白色和绿色的灯光在天空中惊人的移动。

当雷达捕捉到巴西附近有更多的UFO时，事态快速升温。其结果是，三个幻影飞机从巴西贝洛奥里藏特空军基地起飞，负责追赶。美国宇航局说，在2万英尺高空，所有飞行员突然戏剧性的遇到了UFO。距离前往“护送”的巴西空军飞行员“一至三英里的地方”，不少于十三个圆盘形的、周围是红色、绿色和白色的灯的不明物体，突然出现在他们的视野中，之后，UFO像射出去的子弹一般，高速飞走了。

值得一提的是，报告的作者告诉美国宇航局：

> 空军部长引述新闻的话，在地面雷达上，有三个小组的地面雷达机目标和机载雷达已经到达饱和。此外，作者说：“三个不同类型的雷达系统，确实都捕捉到了不明物体，这些使人相信，在5月19日晚上，确实有什么东西抵达了巴西。”
>
> 1986年关于巴西UFO的国务院文件

关于后面一点，我也十分的确信。

绝密

一个由中情局转交给美国宇航局的日期为1989年12月3日的文档，讲述了在1986年1月挑战者号太空船爆炸后不到一天的时间里，发生在前苏联的奇特故事。当时，这引起了俄罗斯媒体的密切关注。美国宇航局对这件事的兴趣给了我们一些提示，航天飞机灾难确实是未知的。但是，这可能对美国宇航局决定去研究苏联的案子有影响，或者至少可以引以为戒。

文档的作者记录道：

> 这篇报道是1989年7月9日社会主义工业报中的一篇文章，其中提到了许多苏联最近目击UFO的报告。接受报纸采访时，“异常现象”研究实验室主任普罗科片科表示，一个研究UFO的“永久性中心”将在苏联建立。除了进行研究和进行UFO讲座外，该中心将进行目击事件的调查。
>
> 1989年 关于飞碟事件的中情局文件

然后，该报告的作者讲述了1986年1月下旬飞碟坠毁事件的故事。故事是关于位于当地611山地的一个耸人听闻的遭遇，这个山地靠近滨海边疆区的达利涅戈尔斯克村。

据美国宇航局说，事件仍然处在调查阶段，调查人员已经找到了许多住在附近山上的人。他们见证了“飞球撞在山峰双峰中的一个上”。此外，一些未透露姓名的物理学家和“其他一些从苏联科学院西伯利亚部门赶来的科学家”称，在出事地点找到的“完好的啮合”、“小的球状物体”和“玻璃碎片”显示，这些是“球形体遗留下来的物品”。因为事件一直处于保密状态，所以在当时没有引起太大的反响。

报告还说：

> 在研究过程中，一个叫马卡耶夫的科学家报告发现了金、银、镍、α－钛、钼、铍及化合物。来自托木斯克的一位“怀疑论”的物理学家假设说，所谓的球形体可能是“在自然力量在相互作用下”，形成的某种“等离子粒团”。马克耶夫所捕获的元素，沿着其弹道轨迹气压至顶部逐渐衰变。其他研究人员通常拒绝这个解释，因为大量各种类型的金属在当地被找到，这意味着，根据这个“等离子粒团”理论，“金属大气中的浓度应超过目前水平的4000倍。”
>
> 1989年 关于飞碟事件的中情局文件

这些研究人员和调查人员纷纷亲自前往坠机地点考察，他们一致认为神秘的611地区坠毁的球状物是"'外星人'高度智能化的生物构造空间飞行器。"在调查报告中还引用了美国宇航局化学科学博士维索茨克伊的话，他说"毫无疑问，这是一个高科技产物，以人类目前的科技水平还无法制造出这样的设备，更不可能是自然形成的"。

不是每个人都同意维索茨克伊的说法，但是文档指出："地磁学研究所的物理学家尤里·普拉托夫不相信科学家的说法，他不相信在达利涅戈尔斯克发现了UFO和外星人的遗留物。"相反，普拉托夫认为，碎片和材料是俄罗斯秘密发射火箭失败坠毁后的残留物。也可能是一种罕见的，称为"球闪电"的自然天气现象。

根据美国宇航局提供的附加备忘录，另一个俄罗斯科学家也评论称，在1947年夏天，UFO坠毁在达利涅戈尔斯克、罗斯韦尔和新墨西哥州：

> 文章将普拉托夫和另一个物理科学家一弗拉基米尔·阿扎扎的看法进行对比，后者最近当选为全联盟委员会不明飞行物体的研究科学与工程学会联合会的主席。阿扎扎将苏联坠毁的UFO报告和美国飞碟爱好者提供的1947年在新墨西哥罗斯威尔沙漠附近坠毁的飞碟报告。他认为，有足够的证据证明，达利涅戈尔斯克和罗斯威尔有飞碟坠毁。在后一事件中，他引述了目击者的证词，目击者坚信他们看见了四具外星人的尸体躺在破损的飞船附近。但是，据普拉托夫研究，罗斯威尔事件的目击者是错的。他认为，这些物体是美国空军实验火箭上的，火箭上搭载了四只猴子。这次事故是初步探索太空时代的一次不成功的发射。
>
> 1989年 关于飞碟事件的中情局文件

罗斯威尔事件真的是太空时代开始阶段的早期秘密实验，而没有涉及外星人吗？这也许就是作为引领了外层空间领域研究的美国宇航局，为什么会支持阿扎扎得出的结论？我们可能永远不会知道了。即使试图进一步得到美国宇航局就此事的信息，却一无所获，因为他们拒绝提供任何相关的文档。

机密

最奇怪、最令人不安的一份报告，是20世纪90年代发生的：美国宇航局密室中关于1996年1月索马里事件的不寻常报告。中情局与美国宇航局共享了这份三页的报告，标题为“索马里兰总统埃加勒关于神秘爆炸的报告”，报告中记录了一系列奇怪的细节，该地区最近发生了不明原因的爆炸，一些本地人直接将其归属为UFO事件。

美国宇航局现在提供的可用文档还显示，索马里兰爆炸对动物和人的身心健康造成了不利影响。包括痴呆症状，身体出疹，皮肤上长疮，胃痛，甚至皮肤脱落。美国宇航局掌握的文件称，在该地区坠落或者爆炸的不明物体是以超音速的速度移动的。由于搜索的范围广阔和地区偏远，所以并没有找到任何不明物体留下的碎片。

然而，也许最重要的是，美国宇航局的文档记录了索马里兰总统埃加勒耐人寻味的讲话，他证明有非常大并且陌生的声音出现在他的国家：

> 我们从牧民那里得知了这些神秘的报告。然后，我派了四人组成的委员会，他们已向我们提交了非常惊人的报告。大多数在该地区的动物，仍然处于某种疯狂的状态。
>
> 索马里兰主席 中情局

今天，1996年1月的奇怪事件，仍然像当时一样神秘。也就是说，除非美国宇航局愿意公布更多的信息，否则那将永远是个谜。

第十五章 罗斯威尔真相

1947年7月8日，新墨西哥基地的《罗斯威尔日报》大胆刊登了轰动性的头条新闻：工作人员称在罗斯威尔陆军航空机场（RAAF）附近发现了不明飞行物的残骸。在“罗斯威尔地区牧场RAAF捕获飞碟”的标题下，是RAAF一个叫沃尔特·韩特的新闻官数小时前发出的官方新闻稿：

> 许多关于UFO的谣言，昨天变成了现实。罗斯威尔陆军航空机部第八空军第五百零九炸弹小组的情报人员在当地的一个农场主和查韦斯县警长的帮助下，幸运地找到了飞碟。上周，这个不明飞行物降落在罗斯威尔附近的一个农场。由于没有电话设施，牧场主保管了飞碟，直到他与警长办公室取得了联络。警长又通知了少校杰西·马塞尔——第五百零九炸弹小组的情报办公室长官。官方立即采取行动，将飞碟从牧场转移到罗斯威尔陆军航空机场，随后马赛尔向总部做了报告。
>
> 《RAAF捕获飞碟》罗斯威尔日报

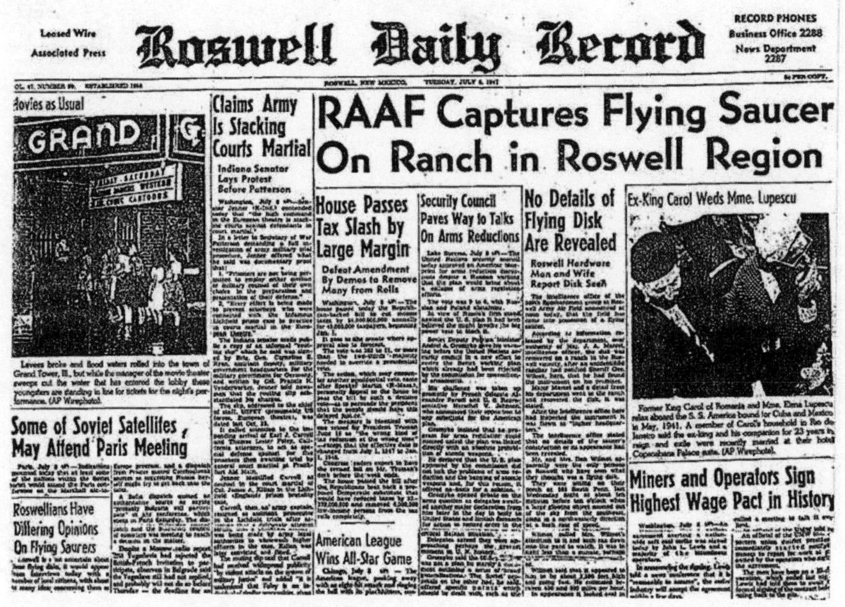
Leased Wire
Associated Press

Roswell Daily Record

RECORD PHONES
Business Office 2288
News Department
2287

RAAF Captures Flying Saucer On Ranch in Roswell Region

Movies as Usual

Levees broke and flood waters rolled into the town of Grand Tower, Ill., but while the manager of the movie theater sweeps out the water that has entered the lobby these youngsters are standing in line for tickets for the night's performance. (AP Wirephoto).

Claims Army Is Stacking Courts Martial

Indiana Senator Lays Protest Before Patterson

House Passes Tax Slash by Large Margin

Defeat Amendment By Demos to Remove Many from Rolls

Security Council Paves Way to Talks On Arms Reductions

No Details of Flying Disk Are Revealed

Roswell Hardware Man and Wife Report Disk Seen

Ex-King Carol Weds Mme. Lupescu

Some of Soviet Satellites May Attend Paris Meeting

Roswellians Have Differing Opinions On Flying Saucers

American League Wins All-Star Game

Miners and Operators Sign Highest Wage Pact in History

罗斯威尔日报有关飞碟坠毁的报道

在罗斯威尔发生的神秘事件证据确凿，谁都无法否认。这一事件随后成为很多非小说类书籍和一些科幻小说的主题；官方还据此拍摄了一部电视纪录片，由马丁·西恩和凯尔·麦拉克兰主演；这个事件还引发了大批媒体的关注。对这一事件的解释也是层出不穷：

- **一个气象气球**
- **一个秘密监视苏联原子炸弹试验的侦察气球**
- **一个外星飞船**
- **使用日本战俘进行的一系列惨无人道的高海拔暴晒实验**
- **某种近乎灾难性的核武器事故**
- **坠毁的纳粹V-2火箭和上面装载的猴子**
- **第二次世界大战结束之后，迁往美国的德国科学家秘密建造的早期“飞翼”式飞机**

飞船是从哪里来的？奇怪的飞行员到底是怎么回事？所有问题都还没有定论，军方就匆忙收回了刊登在《罗斯威尔日报》头版上的那条耸人听闻的报道，这是一个不争的事实。一则平淡的新闻取代了它的位置，文中说有人在罗斯威尔附近发现了UFO，随后UFO被带到罗斯威尔基地进行研究，结果发现那不过是个普通的气象气球罢了。

为了尝试进一步加深这个远没有那么令人兴奋的替代新闻的真实性，德州沃思堡第八空军准将罗杰·雷梅展示了清晰的图片，被他们带走和展示的只是一个日常气象气球。

今天全球各地仍有不少新闻媒体在关注此事，官方还是会运用各种手段遮人耳目。但有一点很奇怪：媒体中似乎没有人想要问军方一个重要且显而易见的问题：为什么罗斯威尔陆军航空机场的那些训练有素的军事人员一开始无法区分自己看到的是高科技飞碟还是一个普通的气象气球呢？

绝密

近三十年过去了，这个问题仍然没有答案，直到UFO研究者和核物理学家斯坦顿·弗里德曼开始挖掘神秘事件的真相。1978年1月20日，弗里德曼在路易斯安那州巴吞鲁日进行了演讲，并且接受了当地媒体的采访。就是在这样一个镇电视台采访的休息时间，弗里德曼被介绍给了一名站长。这个站长碰巧是杰西·马赛尔的好朋友，根据RAAF1947年7月8日的官方新闻稿显示，杰西是在新墨西哥沙漠找到奇怪材料物体行动中的关键人物。从此，弗里德曼踏上了探寻罗斯威尔事件真相的道路。

采访时，马赛尔说，在事故发生地点看到了大量碎片，覆盖面积估计有四分之三平方英里，他还强调这些只是他所看到的，实际应该更多，这些碎片不知是什么材质，也不知从何而来。

这意味着，那里没有尸体，没有完整的或者半个的飞船（他至少没有看见）。马赛尔的看法是，几乎可以肯定不明物体在空中爆炸，残骸像下雨一样坠落，散落在沙漠中。

至于那些碎片，马塞尔说：

> 我很熟悉当时空中的一切物体，我也了解各种军用或民用天气观测或雷达跟踪设备。但我们不知道那到底是什么，我们只找到了碎片。
>
> 贝利兹《罗斯威尔事件》

马赛尔非常肯定地表示从未见过这种碎片，他还指出“这肯定不是我们制造出来的东西”。

秘密

弗里德曼的研究循序渐进，他接触了另一个调查员—— 威廉·摩尔。他们似乎发现了同一件事，但是作为旁观者，弗里德曼当时没有过多关注。弗里德曼和摩尔开始分享他们的资料，并确定了事发地点，即一个非常偏远的被称为福斯特牧场的农庄。它位于罗斯威尔以北约75 英里，当时由威廉·威尔和迈克·布雷泽尔共同经营。不幸的是，布雷泽尔在20 世纪60 年代去世，所以现在无法对他进行采访。但是，其他人还记得那个令人振奋的事件。布雷泽尔的儿子比尔，回忆起了当时的情景，他说自己对在农场里找到的东西十分感兴趣，那些东西乍一看跟普通的锡纸没什么差别，可是无论用什么方法都撕不坏它。他补充说：

摩尔·威廉《罗斯威尔事件》

> 你可以弄皱它，但当你放回的时候，它会立即恢复原始形状。它和塑料很像，但绝对属于金属。爸爸曾经说过，军队曾告诉他，这不是我们能够制造出来的。
>
> 摩尔·威廉《罗斯威尔事件》

随着时间的流逝，退休少校杰西·马赛尔在其他人已经开始公开发言之后，也发表了自己的看法，并且这令他感到很放松。他开始进一步透露在新墨西哥州沙漠中发现的奇怪碎片的资料：

> 这些东西无法弯曲或折断，甚至损毁了我们一个16磅的大锤。它十分轻盈，就像金属与塑料的混合体。
>
> 摩尔·威廉《罗斯威尔事件》

另一个关于1947年7月在新墨西哥州有没有东西坠毁的争议，弗恩和基恩·马尔泰夫妇透露，他们一个叫格雷迪·巴奈特的老朋友是水土监测局的现场工程师。巴奈特曾谨慎地告诉他们，在1947年夏天的某个时候，他偶然在新墨西哥州的圣奥古斯丁平原上发现了一个非常不寻常的飞船，它是盘形的，材质看上去有点像不锈钢，不明物体周围散落着一些不寻常的死尸。巴奈特还告诉弗恩和基恩·马尔泰：它们身材矮小，头却很大，而且光秃秃的，眼睛的间隔很奇怪。巴奈特站在那里，看着这个令人震惊的场景，他不知道应该做些什么。直到军事人员迅速赶到现场，并严厉地告诉他不要把他所看到的事情告诉任何人，军方代表对巴奈特下达命令时的语气不容置疑。

1980年，当罗斯威尔事件上升到一个全新水平时，威廉·摩尔与查尔斯·贝利兹合著了一本名为《罗斯威尔事件》的书。书出版时，他们手中掌握的大量证据都来自弗里德曼和摩尔。时隔五年，他们仍然在勤奋地进行研究，并得到了令人震惊的发现——几乎有上百人与1947年7月的事件有着或多或少的联系。

1985年7月，当摩尔在密苏里圣路易斯的MUFON年会上发表讲话时，事情有了新的进展。摩尔在讲述惊人的故事时，弗里德曼和一个叫做刘易斯·里克特的人展开了讨论，大家都认为应该从外星人尸体这一切入点探索罗斯威尔事件。里克特在1947年曾驻扎在罗斯威尔，是美军反情报总队(CIC)的成员。弗里德曼表示，外星人尸体的问题在谈话中渐渐明了：

> 里克特明确地表示，这是他不能谈论的内容。他表示，他的工作涉及不同级别的秘密，而这件事的保密级别非常高。他说，只有在不会被窃听的房间，才能讨论某些特定话题。
>
> 摩尔·威廉《飞碟坠毁》

秘密

不只勤奋的摩尔和弗里德曼团队在研究复杂的罗斯威尔事件。一个同样惊人的事件开始浮出水面。从20世纪80年代末期到90年代，研究人员凯文·兰德尔和唐纳德·施密特揭开了一个非常吸引人的故事：据说，在1947年7月4日晚上，来自另外一个世界的飞船坠毁在罗斯威尔的福斯特牧场，散落了大量的残骸。有人认为，飞船在半空中遭受了严重的灾难。然而，这个不明物体并不是常见的碟形，守口如瓶的情报工作人员刘易斯·里克特还特别强调，它有些狭窄，有像蝙蝠一样的翅膀，大约30尺长。

有趣的是，里克特还讲到，1947年9月他也被卷入了罗斯威尔事件，当时他与新墨西哥大学的林肯·拉巴斯博士工作了一段时间。里克特说他和拉巴斯被指派去测定罗斯威尔事件中飞船坠毁时的速度和轨迹。他们发现了可能的坠落点，并饶有兴致地猜测，或许在灾难发生之前，那艘飞船已经采取紧急降落措施了。飞船的降落地点距离农场主布雷泽尔的仓库大约五英里远，这也正是马塞尔少校所描述的地方。令人惊讶的是，坠落地点的沙子已经变成了晶沙，这种现象只有在沙子经历了极高的温度后才会出现。里克特回忆，拉巴斯准备了一个官方报告，但五角大楼命令删除了研究结果的内容。研究报告的内容是，这个不明物体很可能是从另一个世界来到地球的某种形式的无人驾驶探测器。

拉巴斯没有得到关于那些看起来很奇怪的尸体被找到的消息（因此他得出结论，该设备无人驾驶），这印证了里克特告诉弗里德曼的事情，即罗斯威尔事件有不同的保密级别，而"需要知道"或"不需要知道"是决定保密级别的重要因素，事件中的官方人员则会根据几方面的因素来综合考虑。

兰德尔和施密特的结论是，五个外星人尸体在沙漠里被发现，其中一个在很短的时间内还活着。这里有一些他们的描述：

- **埃德温·伊斯利，罗斯威尔的宪兵司令，对该生物濒死的状态做了非常模糊的解释。**
- **梅尔文·布朗中士说，他看到的尸体有点像亚洲人，但头很大，没有头发，皮肤是淡黄色的。**
- **弗兰基·罗维的家庭受到了可怕的死亡威胁。在发生坠毁事件时，他的父亲在罗斯威尔消防局工作。所以，他在一定程度上参与了这个具有争议的事件。罗维说，她的父亲悄悄地告诉家人，他看到了不同寻常的机器和奇怪的尸体，以及唯一一个坠落在沙漠中的幸存生物："能够行走的那个生物有10岁的孩子大小，没有任何头发…… 它好像很害怕。"罗维还说道，她的父亲被牵连之后，很多军事人员来到他们家，并且很明确地告知他们，不可以与任何人谈论罗斯威尔事件，"他们会把我们带到沙漠中间，把我们都枪杀了，没人能找到我们。"**
- **记者强尼· 迈克保利所说的也印证了这个事实。迈克保利声称，在失事现场曾见到过一个令人印象深刻、类似于锅的设备。他向罗斯威尔的KSWS电台报道说：军事人员得到了一个不明设备与一些被描述为小孩的外星人尸体。但是，迈克保利拒绝进一步陈述在新墨西哥沙漠里发生的事情。**

机密

1947年到90年代末期，尽管有丰富的证词和资料，但美国政府坚决并顽固地忽略所有关于罗斯威尔飞碟事件的请求。就这样，直到1994年，在新墨西哥州国会议员史蒂文·席夫的强烈质疑下，美国空军才勉强承认在罗斯威尔事件中，气象气球并不是真正的罪魁祸首。相反，空军称，福斯特农场发现的设备是一个在机密行动中使用的气球。他们利用气球载上雷达反射器及声波传感器进行飞行，以便确定苏联核武器研究的当前状态。

之后，在1997年，美国空军终于做了一个出于意料的举动，他们在有几百页之多的大型报告中解释了包括新墨西哥州沙漠发现外星人尸体的争论。

军方称目击者口中的外星人尸体实际上是用作飞行试验的假人

空军总结说，人们看到的是用来测试的假人，是人们看错了而已。但事实上，直到20世纪50年代初，这类实验甚至还没有开始。并且，空军宣称，所有声称见到尸体的证人都记错了时间。

本质上，这就是直至今日的问题所在：UFO的研究团体虽然看法不一致，但都对60年前新墨西哥州沙漠见到死亡外星人的事件发表了自己的意见和结论。而空军称，除了碰撞测试假人和军用气球外，没有任何奇怪的东西。然而，不明飞行物研究界，拥有被宇航局忽略的强大盟友——美国宇航局的阿波罗宇航员——埃德加·米切尔博士。

秘密

1930年出生的埃德加·米切尔，驾驶阿波罗14号登月舱在1971年2月5日降落到了月球上，也是极少数在月球表面行走的人之一。米切尔坚信UFO的存在，而真正未知的是来自另一个世界的智能实体——外星人。此外，米切尔说，官方策划传播很多假情报，以便尽量转移人们对UFO的注意力，而且撒播谣言的种子，试图阻止真实的图片以任何形式公开。

宇航员米切尔在1996年4月19日接受NBC采访的过程中透露，他曾亲自会见了来自三个国家的官员，他们声称遇到了外星人。他表示，与外星人取得联系无疑是最有力的证据。

1998年10月10日，米切尔在佛罗里达的家里接受了《英国人民报》对他进行的独家采访，他告诉记者约翰·俄尔，他确定外星生命是真实存在的，并且肯定有一些外星人已经访问过地球。米切尔还对俄尔说道：

> 作为一个前宇航员，军方那些对文件有访问权的人更愿意跟我谈论这些问题，因为他们不希望被当成怪人。我从那些人那里听到了很多故事…… 我坚信已有外星人造访过地球。
>
> 俄尔《是的，外星人已经来访过》

阿波罗宇航员埃德加·米切尔

2004年，米切尔更进一步公开表示，美国官方的黑暗世界里存在的一个精英组织，已经开始秘密调查不明飞行物现象，并获得了人数不详的外星人尸体。据推测，这些尸体是从一个或多个坠毁的飞碟中找到的。他向《摩根圣彼得堡时报》透露：

> 我们都知道UFO是真实存在的，现在的问题是，他们来自哪里。

但在四年后，米切尔确切提出了他对外星飞船和外星生命的看法。2008年7月23日，被英国克朗广播电台的尼克·马杰里森采访时，米切尔说，1947年夏天，外星人确实已经在新墨西哥州罗斯威尔坠毁，并补充说，当局共同努力掩盖了这个事实。

> 我恰巧非常幸运地得知了这个事实，即我们的星球已经被访问过了，UFO现象是真的。
>
> 马杰里森 英国克朗广播电台

对于美国宇航局来说，对这些出自他们本部门的阿波罗宇航员的荒诞言论，他们不用很长时间就可以给出一个答复。但美国宇航局清楚地发现了自己左右为难：米切尔作为美国英雄，美国宇航局不应对其产生怀疑，但是他们又必须将自己与这个荒诞言论保持距离。发言人圆滑地指出，米切尔的意见不是美国宇航局的意见：

> 美国宇航局不会跟踪UFO。美国宇航局对这个星球上或宇宙中任何地方的外星生命，都没有试图去掩盖。米切尔博士是一个伟大的美国人，但是我们在这个问题上不同意他的意见。
>
> 《阿波罗14号宇航员的声明》每日邮报

克朗访谈节目播出的两天后，米切尔接受了福克斯新闻网的采访，他很小心地澄清了他对于UFO的个人评论与美国宇航局没有任何关系。不过，他引述了不愿意透漏姓名的消息来源，那个人在罗斯威尔，但现在已经死了，那个人亲自告诉他，1947年7月，确实有来自另一个世界的航天器坠毁。米切尔还说，他收到在五角大楼未具名的情报官员的信息，确认了罗斯威尔事件的真实性。

采访仍然在继续。米切尔说，有关这件事情的讨论现在已经完全被打开，在不久的将来也没有结束的迹象。在引起轰动的克朗电台采访之后，米切尔告诉Shape-Shifting电台的节目主持人丽莎·邦尼斯，由于他在罗斯威尔地区长大，后来又乘坐阿波罗14号前往月球旅行，他认识的一些那个时期军队和情报机构的老前辈，曾"庄严宣誓"过不透露关于罗斯威尔事件的任何信息，但"他们希望在临终之前，能够洗清自己的良心，无愧于心地离开"。

仍然是关于罗斯威尔的话题，米切尔向Discovery频道讲述，他将他关于罗斯威尔事件已知的内容去五角大楼"要求会见美国联席会议情报委员会参谋长。我告诉了上将我的故事，他确认了这些。我说的这一切都是真的。"

尽管米切尔是美国的真正英雄，冒着生命危险去月球旅行，并在世界历史进程中，为美国写下了浓重的一笔，但不幸的是，他对UFO和罗斯威尔事件的看法被美国宇航局和自以为是的政府驳回了。几乎可以肯定的是，他讲述了自己作为美国宇航员的每一面；美国宇航局回应了市民的请求，播放了埃德加·米切尔博士对1947年7月新墨西哥罗斯威尔飞碟坠毁事件的看法，他会得到比之前更好的尊重和待遇而不是被立刻免职。似乎掩盖真相的力量仍然存在，所以，这个几十年老案子中的谜团还未解开。

第十六章 被审查的照片

1960年3月，宇航局卷入了一起引起广泛争论的不明飞行物事件。来自密西根州格兰布朗的一位名叫约瑟夫·佩里的人称，大约在两周前拍下了空中的不明飞行物。美国联邦调查局底特律分局的特工在3月5日去拜访了他，并把相关记录转交给了塞尔弗里奇空军基地的空军特别调查办公室，以及宇航局的一些高层人士。有趣的是，一张宇航局内部写给联邦调查局的便条上这样写道："请尽力得到佩里先生的照片，如果能得到，让我们来检验一下真伪就更好了。"

在联邦调查局向宇航局提供的描述中，佩里在格兰特布莱斯拥有一家披萨饼店，同时是一位"有着30年经验的专业摄影师"，他经常会用自己制作的天文望远镜拍摄月亮。1960年2月21日的中午1点左右，佩里告诉联邦调查局（自然也相当于告诉了宇航局）他曾拍摄了一些月球照片，当在自己暗室中查看它们时，他惊奇地发现在他的望远镜与月亮之间有一个飞行着的物体。高度兴奋的佩里迅速放大了照片，图像更加清晰了一些。当他仔细地检查新洗出来的照片时，发现了一个精密的圆形机械飞船，底部是平的，周围一圈闪着亮光，而且后面拖着雾状的尾巴。联邦调查局告诉宇航局说，“佩里已经拍摄过超过一千张月球的照片但从未见过类似的物体。”

宇航局请求联邦调查局尽一切努力保护好佩里的不明飞行物照片的原版和拷贝，这一定是因为他确实拍下了什么有价值的东西。佩里上交了他的照片，照片很快被送到了前面提到过的空军特别调查局，并在那里交给了宇航局，然后—— 消失了。

这时，媒体也搭上了这个故事：密西根《燧石》杂志以粗标题通篇报道了这一事件。报纸明显援引了全国空中现象调查委员会（NICAP）的说法，也提到了佩里先生的担忧：

> 根据之前处理照片的经验来说，佩里先生想再见到他的照片是不太可能了。

佩里与联邦调查局取得联系，官方回应说照片在“一个合适的地方”，佩里回答到：

> 如果我不能拿回我的照片，那么唯一令我满意的做法就是，政府亲自告诉我这是国家的最高机密。

在接下来的几个星期和几个月里，美国宇航局和美国联邦调查局因为佩里的照片专门建立了一个很大的文档，处理了很多他试图从官方手中要回照片的请求。

事情得到解决时(至少美国宇航局、联邦调查局、空军特别调查办公室对结果很满意)，根据这一事件的官方解释，佩里被告知“滑动着的不明飞行物体，实际上是没有曝光好的底片的一部分”。但对于那些坚持照片上的物体是来自另一个世界的飞行器的人来说，这个解释自然不会令人满意，尤其是约瑟夫·佩里，他对整个事件仍然感到疑惑和怀疑。

美国宇航局和联邦调查局可能意识到，除非快速控制情况，否则这场争论将一直持续下去。他们都坚持认为，这是空军的问题，且只有空军可以介入调查。因此，所有来信都被送到了空军的手里。随着时间的推移，对约瑟夫·佩里消失了的照片及对其拥有浓厚兴趣的美国宇航局，渐渐从人们的视野中消失了。也许有一天，美国宇航局将会揭示更多关于这一事件的信息，包括为什么它对这个问题很有兴趣，并渴望获得佩里手中的神秘图片。当然，很难等到那一天。这并不是一个孤立的事件，美国宇航局总是对不明飞行物的照片很感兴趣，但是得到照片后，照片就消失了。

绝密

史蒂文·格雷尔在UFO研究领域中是一个非常有名的人物，他写了许多书籍，并举办了一些大型活动来揭露政府对于UFO的保密问题。1990年，格里尔创立了外星人智能研究中心，这就是现在我们所知的"探索工程"的最初设想，在这组织的网站www.disclosureproject.org上，它是这样被描述的：

> 探索工程是一个非营利性的研究组织，目的是为了充分披露UFO和外星人神秘的智能及能源与动力系统。

格雷尔的组织对外宣称人数已经有400多人，其中包括大量退休的前政府人员、军事人员、情报人员。他们勇敢地站出来披露他们个人掌握的UFO事件的资料或有关经历，这些正是政府试图对公众隐瞒的事情，其中甚至还有与外星人接触的事件。

格雷尔项目的核心思想是信仰和服从：

1. 外星人确实存在。

2. 他们在此之前就已经秘密访问过地球了，现在也一样如此。

3. 官方得到的某些物品是运用先进的外星科学技术和能源做成的。（这可能是对坠毁的一架或多架飞船进行秘密研究得到的。）

4. 如果我们拥有同样的技术和能源，那么它们可以改变我们的世界；如果置之于公共领域，可以解决我们的很多（但不是全部）问题，例如结束我们对石油的过分依赖而制作代替品。

格雷尔自然知道这件事对社会经济、政体合作和个人权利都会产生不利影响，但支持探索工程的人们质疑，为什么不把如此先进的技术应用在社会上呢。

格雷尔高调地、直截了当地试图把那些有争议的信息传达给世界媒体、整个公众，甚至传达给美国国会中有权势的人。最终，2001年5月，格雷尔在国家新闻中心举行了一次历史性的新闻发布会，与会的许多人都有官方背景，包括一些过去和宇航局有关联的人，他们讨论了有关UFO的问题，以及在这些事件中官方策划的阴谋理论和隐瞒的秘密。

其中一个名叫唐娜·海尔的女人，曾经在飞歌（Philco）公司工作，这家公司从20世纪60年代开始为宇航局提供全球跟踪网络技术服务，包括水星载人飞船工程的技术支持。唐娜获得了宇航局的很多奖项，包括美国宇航局阿波罗成就奖。她在德克萨斯州休斯敦的约翰逊航天中心的8号楼实验室工作了十五年。

在2001年格雷尔大会上，唐娜给观众讲述了一个很具启发性的故事，强烈暗示美国宇航局的某些要员知道飞碟存在是一个无可否认的事实，但是他们尽最大努力防止这样的事实泄露。唐娜告诉听众，在一次难忘的事件中，她得到了很多机密消息，并拥有一份秘密清单。当时，她进入了一个密室，里面有阿波罗登月任务和宇航局地球轨道卫星所拍摄的照片资料，这些资料会被仔细地研究。同时，唐娜得到了另一个人提供给她的带有圆形形状物体的照片（也许这是违反宇航局最高机密的行为），那个人告诉唐娜，虽然他不能透露照片的来源，但是他说他工作的一部分就是清除这种带有外星物体的照片，以确保它们没有流入公众的手中。看起来，似乎宇航局的某些人（或者组织）发出过命令，这些照片都要被审查。所以，报告丢失照片的事件不止这一件。

有一个人对宇航局隐瞒UFO相关照片的做法发表了有力的声讨，这个人就是卡尔·沃尔夫，他曾是美国空军的特工，监察级别是最高级。1965年中期，沃尔夫在维吉尼亚州的兰利空军基地工作，工作内容与宇航局探月工程有关。就在那时，他曾和一个同样效力于此空军基地的一个飞行员交谈过。他们谈话时，很明显这名飞行员十分担心某个事情。最终，他向沃尔夫透漏了他在分析月球照片时发现的秘密，美国宇航局已经找到证据，可以证明有不明来源的大型基座坐落在月球表面的另一侧。毫无疑问，负责分析照片的人员并没有误认为这些是不寻常的岩层。相反，照片清楚地表明，神秘基地看起来很像一个巨大广阔的空间城市，拥有智能化的设计和精巧的结构。

沃尔夫意识到他听到的这个故事，肯定是受到高度保密的，尽管故事显然让他着迷，但是他还是选择了中断谈话。在之后的一段时间里，沃尔夫在想这样一个惊奇的发现会不会在某一天通过新闻向全世界公布。当然，这显然不会发生。不管宇航局到底发生了什么，这些都注定只能留在宇航局里面。

显然，我们在这里看到了一个明显的工作模式：1960年，当约瑟夫·佩里在密歇根的格兰特布莱斯通过望远镜拍摄照片发现UFO时，这个模式就确定了。多年之后，当唐娜·海尔和沃尔夫的证据都能用以证明时，这个模式还在继续。美国宇航局对有关UFO照片的审查，已经延续了很长时间了，并将继续下去。

第十七章 黑客入侵

当公众、媒体和UFO研究团体完全没有能力验证这些有趣的故事时，我们发现我们面对的最大障碍就是，不能访问那些宝贵的被审查的照片进行进一步的自由研究。当然，美国宇航局否认存在任何涉及UFO、先进外星基地或月球表面建筑的照片。同样，通过《信息自由法案》的申请，也没有任何有意义的资料浮出水面。

所以说，美国宇航局的大门对任何一个人都是坚决关闭的，就算有人问他们也会说：没有得到官方许可，最高机密是不得外漏的。也就是说，除非你做好避开所有防御手段的准备，进行违法窃取。而通过一系列电脑黑客的运作找到宇航局的后门来窃取信息，至今已经发生数次了。事实上，几年前，一个叫盖瑞·麦金农的英国男子已经这样做过了，但他得到了灾难性的后果。

麦金农生于20世纪60年代，目前正生活在引渡到美国的威胁中，起诉原因据美国一位检察官称，毋庸置疑，他是美国官方历史上对基础设施破坏最严重的电脑黑客。他将因为对美国宇航局、国防、情报和军事部门的电脑系统总

窃取宇航局资料的电脑黑客盖瑞·麦金农

机造成破坏而受到审判。

在麦金农的辩护中他曾多次表示，他只是在寻找绝密的飞碟资料，目的是为唐娜·海尔所说的有关被宇航局审查的照片的事实提供有力的证明，以及证明探索工程所揭示的美国政府一直在故意隐瞒真相的说法是正确的。如果把这些技术提供给广大民众，很可能会结束我们对石油的依赖，从根本上改变世界，使这个世界变得更加美好。

但是当把注意力转向美国宇航局和麦金农事件，并深入了解时，首先值得注意的是，以前尝试侵入美国宇航局系统和美国政府、军事、情报等部门的黑客，都是为了查找飞碟的秘密资料和先进的、近乎神奇的技术。而且，之前成功侵入系统的黑客没有收到任何惩罚，当盖瑞·麦金农入侵美国宇航局系统的时候，美国当局正下定决心为了避免类似事情的发生，必须严惩肇事者。

绝密

围绕着UFO事件产生了很多的谣言，其中有一个谣言，尽管美国空军怎么努力，都没能使它破碎：在俄亥俄州达顿的怀特·帕特森空军基地，有一系列的秘密房间、飞机机库和地下设施，里面保存着大量的外星人遗体，以及军方找到的坠毁飞碟的残骸。此类的谣言还进一步暗示，神奇的外星科技已经落到了美国政府的手里，并且被应用到了美国的军事领域，来建造秘密设施，试飞仿造飞碟制成的飞行器。最好的证据，就是著名的18号机库。美国政府和空军对此都强烈否认，称这些耸人听闻的故事没有任何事实依据，但一些来自高层人员的令人印象深刻的证词（或记录），还是让人们浮想联翩。

例如已故的美国巴里参议员高华德，在1975年说：

占地面积33平方公里的怀特·帕特森空军基地

UFO的话题在很长时间里，一直是我的兴趣所在。大约在10或12年前，我曾想努力找出在帕特森空军基地的建筑里由空军收集到的信息。这种请求被拒绝是可以理解的，因为这些都是最高机密。

1975年 高华德写给什洛莫阿农的信

同样的质疑还来自于中央情报局的一个前执行副主任助理兼行政主任特别助理，一个叫做维克托·马尔凯蒂的人。马尔凯蒂透漏，他在中央情报局工作期间，UFO的活动非常活跃。他还亲耳听到来自中情局高层的谈话，内容涉及坠毁UFO中的矮小的灰色尸体，它们被保存在帕特森空军基地的外来科技部。这些声明，似乎为某些人指点了一条道路，一些电脑黑客开始通过他们自己掌握的危险技术去寻找问题的答案。

机密

1992年10月27日，NBC专门对电脑黑客进行了报道，他们采访的是圈子里小有名气的黑客。其中一个黑客说他能够轻松闯入政府和军方的电脑系统，电视节目的屏幕上开始闪现各种文档，显然是黑客从帕特森的电脑系统中获取的，这些文档包括“帕特森空军基地/飞碟部文件列表，一个有关外星人的地下设施……”此时，信号被切换了，材料中的其余部分没有显示出来。但是，据NBC后来透露，在黑客下载到的材料中，至少有一半提到了帕特森机密电脑系统上存储的解剖外星人的绝密数据。

1993年，NBC在争论中打破了以往的沉默，作为节目制片人的苏珊·亚当斯称，当NBC将这段视频播放之后，立刻引发了巨大的回响。节目中并没有透露黑客的姓名，亚当斯解释说，黑客希望继续保持神秘，主要是因为他的大部分材料是用非法的手段从美国政府和军方的电脑档案中窃取的。

亚当斯竭力指出，NBC的律师审议有关的作品时就像用“细齿梳子”一样，将其变成了收购而来的合法材料。此外，亚当斯还说道，因为黑客没有犯下什么重罪，所以绝对不会以任何形式向公众或媒体透露他的身份。“黑客意识到公众对他的兴趣，明显是被飞碟资料引起的，但并不想做出回应。”亚当斯澄清。

美国政府认为，如果试图揭开黑客的真实身份，很可能需要与NBC进行一场声势浩大的诉讼，而且只会让事情变得更加引人注目。所以他们选择了什么都不做（在一边带着强烈的怀疑，默默沉思并愤怒不已）。

秘密

这些通过电脑黑客获取的外星人信息，一直让怀疑论者嗤之以鼻，但在20世纪90年代中期到末期，一个完全的意外提供了大量的信息：一个聪明的青少年计算机黑客，在英国威尔士加的夫的家中舒适地操作着电脑。作为一个入侵过成千上万个电脑系统（包括美国宇航局和美国国防部）、经验丰富的电脑黑客，马修·贝文决定在1994年揭开帕特森空军基地不明飞行物的秘密。他特别强调，帕特森基地的电脑是“非常轻松就能搞定的电脑系统”。他发现了一个非常惊人的信息：一个超级机密项目组想要设计并建立一个像UFO一样真正特别的飞行器。

“那些文件”，贝文在接受我的个人采访时，用有些保守和犹豫的声音告诉我，“非常明确地提到利用重元素的力量来制造反地心引力的飞行器。这不是普通的飞行器，它非常小，错层式结构，底部有一个反应堆，顶部有房间供飞行员停留。”这些是不是从外星人高度发达的科技中衍生出来的技术呢？是不是史蒂文·格雷尔的探索工程提到的被隐瞒的技术？答案是肯定的。

访问并仔细阅读了这些惊人的信息，贝文适时地退出了帕特森的计算机，开始到处搜索想要寻求的有关外星人的信息，包括进入美国宇航局那个不太安全的电脑系统。贝文入侵系统，仔细地阅读了文件，完成后再退出，没有留下任何可以检测到的痕迹。对于一个年轻的计算机黑客来说，一切都做得很不错。

或者说，贝文自己认为很不错。然而，历史已经表明，贝文最初的自我感觉是很不靠谱的。两年来，他一直保持着沉默。然而，1996年的一个早上，马修·贝文的生活突然发生了变化。当事情开始出现明显偏差时，他正在加的夫的一家保险公司工作，那天早上他被传唤到了总裁办公室。走进房间，他面对的是一群穿西装的男人，他当时被吓坏了。贝文回忆起接下来发生的事情：“其中一名男子伸出他的手和我握手，‘马修·贝文？’他问道。‘是的，’我回答。他说：‘我叫西蒙，是苏格兰电脑罪案组的警官，我要以非法入侵美国宇航局和帕特森空军基地系统的罪名逮捕你。’”贝文陷入了一个大麻烦。

他被带到加的夫的中央警署，警察的询问中充满了好奇，而且对X档案很感兴趣，他们厉声询问贝文：“你认为‘18号机库’这个词是什么意思？”“这是储存外星科技的地方。”他双手交叉，实事求是地回答说。

贝文对整个事件的回忆让他们大开眼界：

> 在整个采访中，他们一直反复问我：帕特森18号机库和美国宇航局的电脑上有什么？你下载了什么吗？当他们问我，我如实地说："是的，我看到电子邮件中在讨论一个反地心引力的推进系统。"
>
> 1998年 雷德芬采访马修·贝文

在苏格兰的电脑罪案组，贝文意识到他陷入了一个巨大的困境，听证会的日期也确定了，设置在伦敦保尔街裁判法庭。不仅仅是贝文，他的辩护律师和检方律师也都出席了审判。 吉姆·汉森，代表美国政府和美国宇航局的利益，也出席了听证会。

当汉森出庭时，实际上还有一些有趣的交流，贝文记得很清楚："听证会还在继续，控方问汉森，美国政府是否考虑过我入侵美国宇航局和帕特森基地的动机是什么？"贝文说。"汉森回答，'我们现在相信贝文先生没有恶意，他的主要目的是为了揭示UFO和18号机库的信息。'"贝文说，"嗯，每个人都嘲笑这一目的，即使是法官也如此。但是，当控方问：' 18号机库是否存在，还是只是个传说，你能确定吗？ '汉森说：'我既不能证实，也不能否认，我对此一无所知。'"

这件事最后的结果是，贝文的案件无法继续。由于原告不愿意出示任何证据，监禁是完全不可能的，甚至连处以高额罚金都做不到。联系事实，无论是美国宇航局或整个美国政府都不愿意向英国法院透露有关帕特森计算机上的任何信息，检控这个案件的成本高达1万美元一天，所以控方宣布证据不足，将贝文无罪释放。他是个非常幸运的人。

贝文一个人，却战胜了美国宇航局和美国政府，这让他们饱尝沮丧和愤怒。事实上，美国当局断然拒绝向英国法庭透露，贝文曾入侵过的文件和数据的确切内容，使法官不得不完全驳回此案。然而，对于美国宇航局的电脑系统被盖瑞·麦金农入侵一事，美国政府表示绝对不会再犯相同的错误。

绝密

盖瑞·麦金农关于寻找UFO和外星生命形式的惊人真相的网络行动，相比于大多数UFO研究者来说，是一条非常不同的、极度危险的道路。这是一条捷径，在20世纪90年代中旬，威尔士人马修·贝文曾反复操作。但是，贝文摆脱了法律的制裁，成为一个完全自由的年轻人，但对麦金农来说，不是什么事都可以这么简单的。英国记者乔恩·容森说，当麦金农第一次决定侵入美国宇航局和美国政府的电脑系统查看飞碟的秘密资料时，他在他女朋友姑妈的房子里，那个房子位于伦敦的伏尾区。“实际上，盖瑞一直寻找的是美国政府和军事机构中高级网络管理员的账号和密码，最后他找到了，然后直接登录。他就是这样进入的。”

成功解除锁定，打开了美国宇航局神秘大门的麦金农，发现自己面临一些特别奇怪的材料，包括简称为“非地面人员”的引用文件。至少在麦金农看来，这些是潜在的有力证据，证明宇航局有一个绝密的太空计划，而公众和媒体一点都不知道。这里面包含很多太空项目，如太空船、天空实验室和阿波罗登月计划等 。

麦金农承认，他早期大部分的非法调查是为史蒂文·格雷尔的探索工程提供帮助，并且马修·贝文采取了同样的非法行动。马修·威廉，一个我和马修·贝文的共同好友，是英国政府海关机构的前特别调查员。麦金农告诉威廉，他发现美国宇航局和美国政府拥有非常先进的秘密技术，有能力改善整个星球，这使威廉非常生气。如果麦金农有一天被证明是正确的，那么威廉就有权利生气—— 我们所有人都有权利生气。

唐娜·海尔也披露了她的第一手资料，关于美国宇航局审查的不明飞行物的照片。麦金农承认，正是因为唐娜所披露的事情才导致他直接陷入了这个与美国当局存在千丝万缕联系的困境。因为唐娜在约翰逊航天中心工作过，所以麦金农可以轻松地访问那些信息。他还偶然发现了一些难忘的影像。

麦金农向马修·威廉解释：

> 这是我最好和最坏的时刻，现在回想起来我依然会生气。正如唐娜所说的那样，照片就在那里。我想看看那些图片，我想我必须看那些照片。但是我知道，传输这样大的文件需要很长时间，所以我有一个主意—— 我直接去他们的系统上看。我控制了他们电脑桌面的图像控制软件，而且我调低了精度，这样方便我快速转换到我的电脑上。我看到这张照片的三分之二，它看起来像地球的南半球云层。但后来结构开始出现变化，然后它看上去像个卫星。当它完全展现在我眼前的时候，我意识到这看起来非常不寻常，我似乎查到了什么。它看上去没有任何接缝或铆钉，不需要遥控，没有天线。然后我看到屏幕上的鼠标移动到了屏幕的下方，选择了断开连接的命令，故事就是这样。美国宇航局几乎同时关闭了所有可进入的系统，让我没有任何办法进行访问。那段时间糟透了，因为他们“找到了”我，然后，我立即被抓了。
>
> 威廉《亲密接触》

威廉想知道，麦金农是否意识到他的行为是不道德的或非法的，或者如果他有没有意识到，会有多少人感谢他的行为。作为回应，麦金农对威廉说，尽管他完全知道他在做什么。尽管知道这是违法的，但他觉得自己的行为是合法的。换句话说，在他看来，麦金农做什么，他都对威廉说，他是在“为了提高公众的利益而努力”。

不止入侵美国宇航局的电脑来寻找神秘不明飞行物的照片和资料，麦金农又做了点别的事情，但这十分鲁莽，并最终给他带来了麻烦。美国入侵阿富汗之后，他开始在美国电脑终端里留下带有政治色彩和煽动性的消息，指责美国政府直接导致了9·11事件，并欺骗美国人民及全世界人民，使其成为所谓的反恐战争的借口。

事实上，无论麦金农的个人动机是什么，他入侵美国宇航局和美国其他部门系统的行为，并没有给他带来麻烦，反而是对9·11的争论采取的行动和言论，使他吸引了大西洋两岸官方的注意，这是导致他被捕的原因。开始我觉得，麦金农也是轻易就侵入了美国宇航局和美国政府的机密电脑系统，就像20世纪90年代马修·贝文的案子一样，他也很快就会被释放。

在被确认后，2002年，他被英国国家高科技犯罪单位逮捕。令麦金农欣慰的是，事情对他来说不是特别糟糕，依照英国《禁止滥用电脑法令》中的某些条款，他将会面临最多六个月的牢狱之灾。而且，如果表现良好，他的刑期可能被减短，甚至消除。

在麦金农被捕后的几年里，并没有发生什么事让他的情况变得更糟糕。但是，最终黑客们的境遇发生了很大的变化，特别是当英国政府对美国实施了一条新的引渡条约之后。这一条约的实施意味着美国当局在某一特定情况下或是遇到有争议的事情时，可以引渡英国公民，甚至不需要提供任何有力证据。（这正是20世纪90年代导致指控马修·贝文失败的中心问题。）美国当局可以简单地要求英国执法部门把麦金农送上飞往美国的航班，并把他交给美国，让他在这所谓的自由土地上接受一场没有媒体介入的秘密审判。这对黑客来说是最糟糕的了，特别是如果被发现，很有可能会被囚禁于美国最森严的监狱很长一段时间——有可能长达70年之久。对于刚开始冒险进入X档案的麦金农来说，这一切很快变成了他的噩梦。

美国政府给了麦金农这位UFO迷重重一击——指控他在2000年到2002年这两年期间非法入侵了近100台电脑，他的黑客绰号是独行侠。据美国政府声称，这些被入侵的电脑属于美国宇航局、美国国防部、美国空军、海军和陆军。美国政府对麦金农的指挥是由五角大楼里一位高级军官提出的。这位军官用非常肯定的语气在英国《周日电讯》报上指出："我们遭受了很严重的损失。这并不是什么没有恶意的事故。他故意对美国军队和宇航局的电脑造成严重的破坏，并留下了愚蠢的反美信息。所有的证据表明有人对美国电脑系统进行了一场严重的攻击。"

直到今天，麦金农仍然强烈地否认自己对那些他曾进入过的电脑系统造成过任何或大或小的破坏。关于这件事，他毫不含糊地告诉马修·威廉：

> 美国政府似乎重新定义了“损害”。在某一层面上，他们说“损害了机器发挥正常功能的能力”，这简直就是胡扯，因为我所做的仅仅是登陆后安装了一个远程控制的软件，这并不会在任何方面影响机器的功能。然后他们又说“改动数据的损害”，这是指安装了远程控制软件。但是，我并没有以任何方式去破坏他们的数据。这只是在机器上加了点东西，并不是破坏他们的数据。
>
> 舍韦尔《黑客盖瑞·麦金农》

电脑系统是真的遭到了破坏，还是仅仅新添了一个软件，一直是争论不休的话题。不管事实是怎样的，麦金农都有理由为他的行为后悔：因为在2006年7月，事情变得更糟糕—— 一个最终判决允许麦金农被引渡到美国，为他的行为接受审判。然而法院系统，正如它的一贯作风，拖拖拉拉，速度非常缓慢。直到2007年2月，麦金农的律师对这一允许引渡的判决向伦敦高等法院提出了强烈申诉。然而，法院不接受这个申诉，于2007年3月3日驳回。到了7月30日，英国政府上议院同意考虑麦金农的申诉。然而这只是又一次的徒劳，官方判决是：麦金农仍然符合被引渡到美国的条件，而且不可挽回。他必须面对他的行为并为此接受惩罚，不管这惩罚是什么。幸运的是，麦金农的律师有权在麦金农引渡前两周向欧洲人权法院提出申诉。然而，麦金农的申诉再次被驳回。麦金农的审判时钟走得越来越快，越来越响。他的法律团队不可避免地需要尝试完全不同的方法了。

2008年8月，麦金农在英国被剑桥大学西蒙·拜伦博士诊断出患有阿斯伯格综合症，这一综合症患者通常社交能力受限或受损，会很深地专注于某一特定事物—— 这对麦金农的生活方式、对UFO的痴迷和黑客入侵等行为做出了非常准确地解释和总结。如此一来，麦金农患有这一症状，他这种心理和精神状态是不能接受审判的。所以，尽管发生了这么多事，麦金农仍然在很危险的状态下抓住了自己的自由。

之后，2009年10月27日，事情的发展又有了新的曙光——英国政府及工党内务大臣阿伦·约翰逊声称他要竭尽所能阻止麦金农被引渡，并允许尽快对麦金农的医学症状进行综合的研究。然而，这一转机只是昙花一现。2009年11月26日，麦金农的律师收到了英国内务部代表的一封信，信中指出，引渡麦金农并不侵害麦金农作为英国公民的权利。结果，引渡终究还是没有被推翻。

然而，这一看上去没完没了的麦金农事件（也许可以说是一部电视剧）又有了进一步的发展。2010年5月，英国人民投票淘汰了英国工党，由保守党大卫·卡梅伦领导的联合政府掌权了。大选之后，卡梅伦政权新上任的内务大臣泰丽莎·梅表示愿意重新审理之前由戈登·布朗领导的奥威尔式（严格而不近人情的）工党政府所做出的关于麦金农和他鲁莽行为的决定，将会重新判断引渡是否合理，重新判断麦金农是否要因他在英伦诸岛的行为而去接受美国的审判，尽管美国宇航局坚定地认为他有罪。

2010年6月13日，英国媒体称，首相卡梅伦被授权对此事做出最后决定，他解救了麦金农，使其不被引渡到美国接受审判，不用关押在美国监狱数十年。泰丽莎·梅下达了首相关于麦金农的简令，使得他可以不必被引渡，并有可能让麦金农在英国接受审判——当然如果法院判决的话，也在英国服刑。

对于最近的事件，麦金农的母亲一直努力地保持乐观：

> 那个时刻我们都非常紧张，希望能有好消息，希望盖里的生活能很快回到正轨。
>
> 威廉《亲密接触》

有消息称英国内政部正在考虑“与麦金农先生的法律团队进行交涉”，一位内政部女发言人被问到关于这个考虑时说道：

> 目前这个阶段，不应该对之后的发展进行推测。

在我打出这些文字的时候，事情的进展是这样的：麦金农仍然是自由的（虽然像达摩克利斯之剑一样有很多潜在的危险），美国宇航局以及美国政府和军队的一些高层人士，对此事仍然持非常愤慨的态度，关于麦金农在美国宇航局电脑里找到了一些UFO图片的说法仍然吊足了UFO研究者、调查者甚至媒体的胃口，可最终的结果仍然是个谜。

但是，如果盖瑞·麦金农最终要接受审判，那我们也许会期待一些惊喜的进展和内幕——如果这场审判不是（打着国家机密的旗号）秘密进行的或不让媒体报道的。为什么我说我们有可能会看到一些惊喜呢？我写这一章时做了一些调查，我与美国宇航局公共事务办公室通过电话，之后我曾有机会跟宇航局另一个雇员进行沟通，他的工作是处理跟太空事件相关的法律事件，他不但一直密切跟踪麦金农这一“长篇故事”，而且他也非常了解这个案子的范围、复杂性和案子所包含的深层意义——不仅仅是了解麦金农这一案子，还包括其他同样不够明智而走向同一条道路的人们的示例。同时，这个雇员也对麦金农的遭遇表示了同情。

我被告知，如果美国政府继续推进盖瑞·麦金农的案件，他随后会被带到美国受审。当然，实际情况可能不会像政府和美国宇航局所期望的那样顺利。当我问他这意味着什么的时候，参与这件事的人说：包括麦金农的律师团队、政府，甚至美国宇航局也都同意这一点——不管麦金农的行为是对还是错，他都对为美国宇航局工作过的唐娜·海尔的证词提供了证据。

麦金农不知道唐娜对美国宇航局约翰逊航天中心被审查的飞碟照片提供了怎样的证词。对于麦金农来说，他的律师团队希望能够证明，以他当前的处境，他绝不会再开展黑客行为了。

那个人还补充说，我们可以将唐娜在法庭上的证词，看作是她的某种暗示(记住，审查的进展已经从确定确切的地点深入到了具体发生了什么)。而且，那个人进一步推测，麦金农唯一的罪行就是黑客行为，但这首先是由于宇航局放在约翰逊航天中心的UFO分类文件泄露秘密而引起的。曾有人问过我，哪种行为更不可原谅？是麦金农的黑客事件，还是唐娜泄露了秘密，抑或是美国宇航局保留和隐藏了真相(甚至可能是非法的)？

那个男子继续说，这些不是全部的问题所在。归根结底，其实是宇航局的某个前雇员的泄密行为引发了这一系列事件，这并不是麦金农一个人的过错，他只是在精神状况不佳并患有阿斯伯格综合症的情况下，决定去寻找那个久久悬而未决的真相而已。

男子承认，爆料不一定会起到很大的效果，甚至可能会影响判决结果。这种事件已经有过先例。如果唐娜采取了这种方法，并提供了她得到的有关外星人的文件，那麦金农也许会因此坐牢。无论是美国宇航局，还是美国政府，都不希望看到这样的结果，所以美国官方决定息事宁人，停止对麦金农的指控，以免这类检控让秘密信息公告于天下。

该男子进一步提出建议，如果有一天麦金农去接受审判，他的律师团队应该向法官解释，至少有过一个非常相似的案子，而美当局没有采取任何行动。而且关于这个问题，1993年，他和马修·贝文在NBC的节目中曾经强调过。正如那人指出的，因为美国政府和美国宇航局拒绝提供任何确凿的证据或任何数据，证明贝文找到的文件是不是窃取的，所以贝文最终走出了英国法院，重获了自由。

这个人还对我说，近期，至少有几个电脑黑客查看了有关UFO的资料，然而他们却都是自由的，甚至没有受到逮捕、起诉或者判刑。铭记这些重要的先例，任何法官或许都会被说服，对麦金农的严重起诉不会成功，甚至没有可行性。如果一些意见和想法无法得到证明，时间将会告诉我们答案是什么。

作为本章结尾的话，还是关于盖瑞·麦金农的，反思整个可怕的经历，他发现自己居然乐在其中，并告诉马修·威廉：

> 我爸会对我说："这是你自己的错，孩子！"
>
> 威廉《亲密接触》

后记：过去、现在和未来

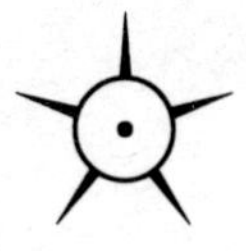

通过先前看到的大量数据、证词、观察、官方和非官方的文档和网页，还有与美国宇航局有关的登月活动、火星脸、被审查的照片、UFO现象、外星生命、坠毁的飞碟、外星人绑架、外星人接触等，说明已经有如此之多的事件发生过了。

尽管谣言愈演愈烈，很多人都相信阿波罗登月只不过是好莱坞风格的闹剧，而真相似乎只有美国宇航局才知道：但是宇航局一直宣称，他们确实登上了月球。

此外，似乎可以得出这样的结论：对于1986年挑战者号航天飞机和2003年哥伦比亚号航天飞机不幸遇难而产生的各种阴谋论，我们是可以阻止其流传的。然而，事实是，美国联邦调查局选择了继续以国家安全的名义保密某些有关调查挑战者号爆炸的文件。在事情过去25年之后，其中的原因仍旧是个谜。

不过，美国宇航局对此可能并不怎么在意，因为它无疑更喜欢那些更为震惊的事件：1965年宾夕法尼亚州凯克斯伯格事件、1978年玻利维亚事件、阿波罗宇航员埃德加·米切尔博士对罗斯威尔事件的描述、致命的外星病毒、美国宇航局和卓柏卡布拉的离奇故事等。一些人认为，这些证据证明，比起美国宇航局愿意公开承认的信息，他们显然拥有更多的关于UFO和外星人活动的资料。

当谈到仍然沸沸扬扬的争议——火星脸时，已故的迈克·托尼，对这件事也做出了令人印象深刻的解释，大意是说，如果将这一切视为仅是光线角度导致的错觉，必将从科学、历史和文化的领域被证明是一个重大的失误。美国宇航局是否有罪，还有待观察，但他们肯定隐藏了关于火星脸的证据，或者他们喜欢低调处理这件事，因为美国宇航局已经厌倦了去处理那些指责他们不公开信息的呼声。也许在非常早以前，拥有高度文明的火星人建造了火星脸，但他们已经灭绝很久了。

将注意力转向计算机黑客盖瑞·麦金农及他的探索工程，以及唐娜·海尔和卡尔·沃尔夫透漏的内容，还有被美国宇航局审查的UFO事件照片。通过这些问题几乎可以肯定，有外星人谣言的地方，就有隐瞒其真相的故事。如果麦金农真的会被判刑，也许我们就能看到这些秘密的真面目了。

迈克·盖文惊人的经历（因为这涉及到所谓的外星人接触争议和流行一时的外星人绑架）显示出，美国宇航局关于这两个问题都了解得很多。即使他们声称是远古人类文明和恶魔实体的结论，也显得非常牵强。我们不能仅仅坐在那里，看着天空和星星，因为这样并不能解开不明飞行物的奥秘。

但是，除了过去的事件，我们现在需要面对的最重要的问题是：未来会给我们带来什么？我们会知道更多这本书中涉及的美国宇航局阴谋论背后的全部未删减的故事真相么？也许可能吧。

在过去的几年里，有许多谣言通过网络浮出水面，在研究UFO的领域中快速传播。谣言称美国宇航局和美国政府中权力很大的高级部门、英国、俄罗斯和其他大国，早就已经知道了，神秘外星人访问过地球的事情。

根据UFO研究领域许多人的消息称，他们很快就会集体披露出让人震惊的消息。此外，还有谣言说，在世界曝光的外星人事件中，美国宇航局与梵蒂冈都扮演了重要的角色。没有错，梵蒂冈对广阔无边的宇宙中是否存在某种形式的外星生命，也非常感兴趣。此外，梵蒂冈已经选择一些人员，甚至可以说是命令他们了解近几年发生的事情。科拉多·巴尔杜奇阁下，一位罗马天主教徒神学家，在他2008年去世之前，就许多有趣的外星生命、不明飞行物和人类与外星人的相互作用等问题，发表过公开声明。他的思想非常开放，声称我们并不是这个宇宙中的唯一智慧生命，甚至外星智能可能分布很广，这些神秘的智能种族很可能就是数十年来被我们发现的许多不明飞行物的制造者。

2008年是值得注意的一年，在这一年中，梵蒂冈和外星生物起源的神奇故事广泛流传。在那一年的5月，梵蒂冈公开宣布相信外星生命的存在，无论是现在还是在距离地球几光年远的地方，他们一点儿也不会与基督教的信仰或梵蒂冈的教义形成冲突。事实上，梵蒂冈的报纸《罗马观察家报》上一个突出的文章标题“外星人是我的兄弟”给人们留下了深刻的印象，在这篇文章里，一位名叫加布里埃尔·富内斯的神父提出了一种想法，天体生物学应该可以是有效的和有价值的调查和研究的途径，并强调其他外星生命并没有与教义产生冲突。

2008年5月，研究人员托马斯·豪恩指出，当主持人哈特·拜尔在“东海岸到西海岸”电台节目中，向天主教神学家、神父玛拉基·马丁提问“为什么梵蒂冈关注调查外层空间领域”，以及“为什么特别关注位于亚利桑那州东南部的格雷厄姆天文台”时，他提供了谜一样的回答。马丁的回答措辞谨慎得像外交用语，而且显得非常奇怪。

当然，也非常具有挑衅性：

…… 梵帝冈的最高管理层和地缘政治思想正在发生改变。在今后的5年、10年，我们将会迎来怎样的局面，对我们来说可能才是最重要的。

豪恩《梵蒂冈缓解人类问题》

然后，在2009年11月，美国宇航局宣布了一个广为流传的新闻稿：

上周在罗马，作为国际天文年的一部分，宗座科学院举办了一个天体生物学研究周…… 他们的讨论范围从如果发现了外星生命那么教堂意味着什么，推进到了科学是否需要宗教。

斯卡利塞《梵蒂冈圣体》

这是2009年11月美国宇航局新闻稿中的最后一句话，它非常重要，因为它紧密呼应了1960年布鲁金斯报告中的劝告，建议研究和平的航天活动对人类事务的影响。这个问题对公众的启示，就是外星生命已经被证实。布鲁金斯学会在50年前就建议过美国宇航局，个人与外星生命的接触“在一定程度上由他的人际关系、社会、文化和世界各地市民的信仰、我们选出的领导人和宗教当局，以及意识形态来决定”。

那么这就意味着，在最初阶段，美国宇航局就已经认识到，在大规模向公众披露存在外星生命是一个不可否认的事实时，宗教很有可能扮演重要的角色。时间可能很快就会告诉我们，在评论有关宇宙其他星球的生命等问题时，美国宇航局与梵蒂冈日益增强的关系是否在为公布外星人存在的那一天，慢慢地做着计划和准备。(按照布鲁金斯学会的建议、指导方针和理念，美国宇航局在20世纪60年代以前积累的文件，应该给予公布。)

美国宇航局竭力掩盖的秘密，我们不妨考虑一下，可能很快就不再是秘密了。

北京市版权局著作权登记号 图字: 01-2012-6967